건축의 노래

The Song of Architecture

허여지 지음

기문당

건축은 음악과 공유점이 없음에도 불구하고,
동질성을 함유한다.
형태를 명백하게 나타내야 하는 예술인 건축은
조각이나 그림처럼 내용이 형태에 절대적인 영향을 미칠 수 없다.
그러나 내용으로 인해 외관이 달라질 수는 있다.
이 점이 음악과 비슷하다.

건축은 균형과 조화의 법칙에 따라 구축해나간다.
음악도 이런 식으로 행한다.
음악에서 감정을 표현할 때는
음악적인 법칙에 따라 음의 건물을 스스로 창조해야만 한다.
이런 독립적인 성격은 특히 건축과 비슷하다.
한편으로는 느낌의 표현과 관계없이
양적인 관계에서 비롯되는 화성적인 법칙을 따른다.
다른 한편으로는 박자와 리듬의 순환,
그리고 음 자체의 계속되는 생성 속에서
스스로 규칙과 균형을 이루며, 다양한 형식을 갖추어 나간다.
이러한 진행 속에서 서로 독립된 양 극단은 결국 하나가 된다.

음악은 가장 강한 사고력이 요구되는 예술이다.
또한 그 깊은 내면성은 우리의 영혼을 강력하게 지배한다.
예술의 형식이 현존하는 것에서 오는 것이 아니라,
정신적인 표현에서 비롯된다는 점에서 볼 때,
건축은 음악과 매우 유사하다.

– 헤겔의 〈음악미학〉 중에서

머리말

먼저, 이 책은 10여 년 전에 쓰여졌던 나의 대학원 논문을 근간으로 하고 있음을 밝힌다. 작년에 경남대학교의 서익진 교수께서 논문을 보시고는 "내용이 독특한데 책으로 한 번 만들어보면 어떨까?"라는 제안을 슬쩍 하셨다. 적당히 수정하고 보완하면 되겠다는 단순한 생각에 겁없이 덜컥 시작하게 된 것이 결국, 논문의 뼈대만 차용하고 전혀 다른 옷을 입힌 '건축의 노래' 라는 한 권의 책으로 귀결되었다.

사실 나는 타고난 음악꾼이다. 이렇게 말하면 무슨 음악천재라도 되나 하고 생각하겠지만, 실력의 고하를 떠나서 태어날 때부터 남들보다 음악 쪽의 재능을 좀 더 많이 가졌던 건 사실인 것 같다. 어려서부터 여러 가지 음악활동을 해왔고, 자연스럽게 대학에서도 작곡을 공부하게 되었다. 대학원에서 건축을 공부하게 된 계기는 지금은 건축가로 활동하고 계시는 김효일 교수님의 영향이 크다. 평소 건축에 대한 막연한 동경과 함께 뭔가 공부할 거리를 찾고 있던 나에게 "작곡과 건축설계는 알고 보면 다르지 않다"는 그 분의 한 마디는 건축에 입문하게 되는 결정적인 계기가 되었다. 정확하게 얘기하면 입문이라기보다는 건축에 대한 약간의 맛을 보게 된 계기라고 표현 하는 게 옳겠지만.

그 당시 처음 접해본 건축의 경험은 어떤 면에서는 지독히 낯설기도 했지만, 하나의 모티브를 시작으로 여러 요소와 원리들을 결합시켜 설계를 완성해나가는 일련의 과정들이 작곡의 과정과 흡사해서 놀라워

했던 기억이 새삼 떠오른다. 작업과정뿐만 아니라 두 예술을 구성하는 요소나 원리들이 서로 무척 닮아 있어서 음악을 건축에 유입시킨다면 참 멋지겠다는 생각을 줄곧 가지게 되었다. 나의 첫 책 '건축의 노래' 에는 건축과 음악에 대한 이러한 이야기들과 내 생각이 담겨져 있다.

이 책은 건축과 음악의 장르간의 융합이라는 하나의 큰 주제 속에 두 가지의 소주제를 품고 있다. 소주제 중의 하나는 건축과 음악이 어떤 공통점과 유사성을 가지고 있는지 역사적, 이론적 고찰과 함께 구성요소와 원리 등의 구체적인 비교를 통해 두 예술의 상관성에 대해 짚어보는 것이다. 이는 건축과 음악의 접목에 대한 가능성을 시사하는 것으로, 음악이 건축디자인이라는 창조적 예술작업에 매우 유익한 도구가 될 수 있음을 제안하고자 함이다. 다른 한 가지 주제는 이러한 연계작업을 심도 있게 실천한 건축가 '르 꼬르뷔지에' 를 실례로 들어, 그의 건축인생과 작품을 음악적인 관점에서 조명하는 것이다. 예술의 크로스오버가 시대의 트렌드로 부상하고 있는 이 시점에 나의 책이 건축과 음악의 융합이라는 영역에 작은 시작점이 될 수 있었으면 하는 바람을 살며시 가져본다.

막상 책이 나오고 보니 감사해야 할 분들이 너무도 많다. 책의 성격이 그리 일반적이지도 않거니와, 또한 이름 없는 신인작가의 것임에도 불구하고 출판에 흔쾌히 응해주신 도서출판 기문당의 강해작 대표님께

진심으로 감사드린다. 한 권의 책이 세상 밖으로 나오기 위해서는 적잖은 금전적인 투입과 많은 분들의 수고가 따른다. 선뜻 이 책의 출판을 결정한다는 것은 강 대표님으로서도 다소 위험한 시도였을 것으로 짐작된다. 출판하자는 연락을 받고, "왜 저의 책을 출판할 생각을 하셨습니까?" 라고 오히려 되물었다. "나는 책 만드는 것을 좋아합니다. 그리고 책의 내용이 특이해서요. 이 참에 정말 건축의 노래도 한 번 작곡해보는 건 어떨까요?" 라고 하신다. 출판을 천직으로 여기시는 분의 열려있는 마음에 거듭 감사드린다.

항상 배려해주시는 마음에 보답할 길 없는 현응 스님, 서익진 교수님과 불휘기획의 우무석 시인께도 고마움과 미안함을 함께 전하며, 사주까지 꼼꼼하게 풀이해서 필명을 지어주신 한석태 교수님, 이름을 일일이 열거할 수 없는 응원해주신 여러 지인들께 마음 깊이 감사드린다. 끝으로 두 동생 내외와 나에 대한 걱정으로 늘 노심초사하시는 부모님께 이 책을 바친다.

2010년

허여지

차 례

1악장
건축, 그리고 음악

건축이라는 예술

예술장르 내內에서의 건축과 음악

건축, 음악, 예술의 연계連繫

거리에 즐비한 건물 중에 어떤 것은 말없이 서 있고,
또 어떤 것은 말하고, 이것이 제일 드물지만.
또 어떤 것은 노래한다는 것을 느끼지 못했는가?
– Paul Valery

1악장

건축, 그리고 음악

건축은 '동결凍結된 음악' 이란 말이 있다. 많은 사람들에게 공감을 불러일으킨 이 말은 괴테, 슐레겔, 쉘링 혹은 쇼펜하우어 등으로 그 출처가 매우 다양하다. 그만큼 누가 한 말인지 확실치 않은 채로 자주 거론되어지고 있다. 어쩌면 괴테의 말을 슐레겔이, 슐레겔의 말을 쉘링이, 쉘링의 말을 쇼팬하우어가 인용했을지도 모를 일이다. 누가 말했든 중요한건, 전대의 훌륭한 지성인들이 건축과 음악을 동일한 형식의 예술로 생각하고 있다는 사실이다.

또한 건축을 무성無聲의 음악, 공간의 음악이라고도 부른다. 건축가 르 꼬르뷔지에는 종종 감동의 건반, 감각의 건반이라는 표현을 쓰면서 종합감각체험 없이는 건축이라는 교향곡이 탄생될 수 없다고도 말한다. 대체 건축과 음악은 어떤 공통점이 있기에 수많은 사람들이 두 예술을 연결 짓는 것일까? 바로 이 의문이 이 책에서 다루고자 하는 내용이다. 음악이 건축디자인이라는 창조적 작업에 유용한 도구로 쓰일 수 있기를 바라며, 건축을 음악의 관점에서 해석해 보고자 한다.

건축이라는 예술

통상적으로 건축을 예술로 이야기할 때, 건축술建築術, 또는 건축 예술이라고 칭한다. 이 말을 곰곰이 따져보면, 건축을 애당초 예술로 보지 않겠다는 의도가 다분히 깔려 있다. 미술과 음악, 무용이나 시詩와 같은 분야 뒤에는 예술이라는 말을 붙이지 않으면서, 굳이 건축 뒤에는 예술이라는 접미어를 붙이니 말이다. 아마도 그 이유는 건축이 예술이기 이전에 실용성이 강하게 작용되어야 하는 분야이기 때문일 것이다.

그렇다면 건축은 기술일까? 그렇다. 사실 한편으로 기술이라는 점이 건축의 커다란 고충이기도 하다. 그러나 이 고충과 함께 동반되는 건축의 영원한 매력이 있다. 그것은 기능과 구조를 만족시키는 동시에 아름다움까지 겸비해야 하는 '기술이면서 예술'이라는 점이다. 그러면 예술과 기술이라는 건축의 두 가지 속성 중에 우리를 감동시키는 것은 어느 부분일까? 역시 기술적인 것보다는 예술적인 것에 있지 않나 생각한다.

예나 지금이나 인간은 건축이 최고의 기술과 규모를 가지면서 미적으로도 끊임없이 우리를 만족시켜주기를 요구하고 있다. 이러한 요구가 사라지지 않는 한, 건축은 예술로서 계속 존재하게 될 것이다. 건축가 필립 존슨Philip Johnson, 1906~2005은 "건축은 미술이나 음악의 감각을 배우는 것과 같은 방법으로 배워야 한다"고 말한다. 왜냐하면, 건축은 예술이기 때문에. 건축은 역사를 대변하기도 하고, 시대의 정신을 담아내기도 한다. 건축은 종합예술이자, 어느 시대에 있어서나 진정한 예술이다.

예술장르 내內에서의 건축과 음악

예술장르 내에서 건축과 음악은 어떻게 분류되고 있을까? 예술현상은 복잡하고 다양하여 분류하는 방법이 이루 헤아릴 수 없이 많다. 그 근거가 되는 표준이 불명확해 구분이 어려울 때도 있으며, 심지어 어떤 이들은 예술은 분류할 수 없는 것이라고 말하기도 한다. 그러나 이 책의 특성상, 두 예술의 일반적인 분류에 대해 잠깐 살펴볼 필요가 있을 것 같다. 여기서는 예술의 여러 가지 분류방법 중에 역사상 비교적 중요하게 취급되고 있는 예술의 감지방식, 존재방식, 전개방식, 매개물媒介物의 차이, 실용성의 유무, 표현형식의 차이에 의한 분류방법을 적용해 보았다.

건축과 음악은 어떻게 받아들여질까? 건축은 눈으로 보고, 음악은 귀로 듣는다. 어디에 존재할까? 건축은 공간 속에 존재하고, 음악은 시간 속에 존재한다. 어떤 식으로 전개될까? 건축은 움직이지 않고 고정되어 있지만, 음악은 끊임없이 흘러간다. 무엇으로 이루어질까? 건축은 입체로 이루어지고, 음악은 소리로 이루어진다. 실용성의 차원에서는? 건축은 실용성이 강한 응용예술이고, 음악은 비실용적인 순수예술이다. 그리고 표현형식에서는 둘 다 자유예술에 속한다. 간단하게 정리하면, 건축은 시각, 공간, 정태靜態, 조형, 응용, 자유예술이고, 음악은 청각, 시간, 동태動態, 음향, 순수, 자유예술이다.

분류한 바와 같이 건축과 음악은 확연히 다른 특성들로 구분되지만, 표현형식에서는 둘 다 자유예술에 속한다. 표현형식에 의한 분류란 모방인가 창조인가를 구분 짓는 것으로 미술, 문학, 연극과 같은 다른 예술들은 모방예술로 분류된다. 그러나 건축과 음악은 모방하지 않고 직접 인간의 사상과 감정을 표현하는 자유예술로 분류된다. 건축은 분명히 음악과는 구별되지만 비슷한 점이 무척 많다. 작품을 구성하는 형식을 비롯해 요소나 원리, 표현수법까지도 비슷하다. 이와 같은 유사성으로 말미암아 두 예술은 결국에는 같은 맥락으로 해석되어져야 할 것이다.

건축, 음악, 예술의 연계連繫

독창적인 창조성을 필요로 하는 예술가들에게는 다른 창조적 예술과의 연계가 필요하다. 그들의 창조성은 타 예술과의 교류를 통해서 더욱 빛을 발한다. 다른 분야의 특수한 요소나 원리를 자신의 창작활동에 유입시키는 일은 더없이 유익한 일이며, 작품의 수준을 높이는 데도 도움을 준다. 특히 응용예술이라는 속성상, 건축의 경우가 그렇다. 물론 건축가에게는 다른 예술분야와의 접촉도 필요하지만, 그 중에서도 음악은 건축 디자인에 더욱 직접적으로 영향을 줄 수 있는 분야일 것이다.

고대로부터 건축과 음악은 접목의 가능성이 크게 열려있었다. 그러나 오늘날에 있어서는 두 분야의 관련성에 대해 거의 언급이 없는 실정이다. 있다 해도 모호한 개념 정도만 간직하고 있는 경우가 많으며, 그나마 시도되고 있는 연구들은 신비주의적인 성향으로 치우쳐 있다. 더욱이 두 분야를 구체적으로 연결시키려는 건축가와 음악가는 극소수에 불과하다.

예술 간의 공유가 비단 건축과 음악에만 국한되어 있는 것은 물론 아니다. 모든 예술은 서로 꼬리에 꼬리를 물며 연관성을 가지고 또 영향력을 행사한다. 이러한 연계작업은 예술이 시작되었던 그 시기부터 있었을 것이며, 세월을 거듭하면서 더욱 강화되어오고 있다. 언제부터인가 공간예술에 시간이, 시간예술에 공간이 자연스럽게 도입되었다. 문학이나 연극에 공간개념이 도입되었고, 건축과 회화에서도 음악의 전유물이던 시간과 리듬이 언급되고 있다. 또 시와 음악에서도 건축적 구성이 이야기된 지 오래다. 이제는 순수한 공간예술이나 순수한 시간예술과 같은 정의는 더 이상 존재하기 힘든 시대가 되어버린 것 같다.

미술 분야를 잠시 예로 들면, 화가들은 화폭에 움직임을 끌어들여 음악에서처럼 시간적 체험을 주려는 시도를 해 오고 있다. 발라Giacomo Balla, 1871~1958의 '가죽 끈에 묶인 개', '자동차의 속도', '바이올리니스트의 손' 등이 그런 작품이다. 남자 소변기에 '샘Fountain'이라는 이름을 붙여 전시했던 작가로 잘 알려져 있는 뒤샹Marcel Duchamp, 1887~1968의 '기차 안의 슬픈 젊은이', '계단을 내려오는 나

계단을 내려오는 나부, 뒤샹

가죽 끈에 묶인 개, 발라

부' 도 마찬가지의 작품이다.

의외지만 뒤샹은 '음악적 오류1913' 라는 제목의 성악곡도 작곡했다고 한다. 이 곡은 음표가 그려진 종이를 모자 속에 넣은 후, 이를 섞어서 우연히 집혀진 것을 오선지에 붙여 만든 곡이다. 말하자면 우연성을 매체로 한 최초의 음악인 셈이다. 뒤샹의 이런 실험적인 장난이 50년쯤 뒤, 우연성의 음악가 존 케이지John Cage, 1912~1992에게 어떤 영향을 끼쳤을지 짐작하기 어렵지 않다. 그래서인지 케이지는 음악계의 뒤샹이라고 불리기도 한다.

그렇다면 건축에서는 음악을 어떤 식으로 끌어들여 연계시키고 있을까? 구체적으로는 많은 방법들이 있겠지만, 지금까지 건축가들이 써온 방법은 다음의 세 가지로 압축할 수 있다. 첫 번째는 건축공간에 음악의 시간성을 표현하는 방법이고, 두 번째는 건축과 음악의 공통재료인 수數를 매개로 하여 비례체계를 공유하는 것이다. 세 번째는 음악의 악보, 구성요소와 원리, 표현기법들을 건축에 직접 적용시키는 방법이다.

이러한 방법을 통한 건축과 음악의 연계작업은 역사 속에서도 입증되고 있다. 아주 오랜 옛날부터 지금까지 건축의 형태나 공간에 음악을 유입시키려는 여러 가지 시도들이 있었다. 익히 아는 바와 같이, 고대 그리스의 철학자들은 음악과 건축, 수학, 기하학 등을 서로 결합시킨 사람들이다.

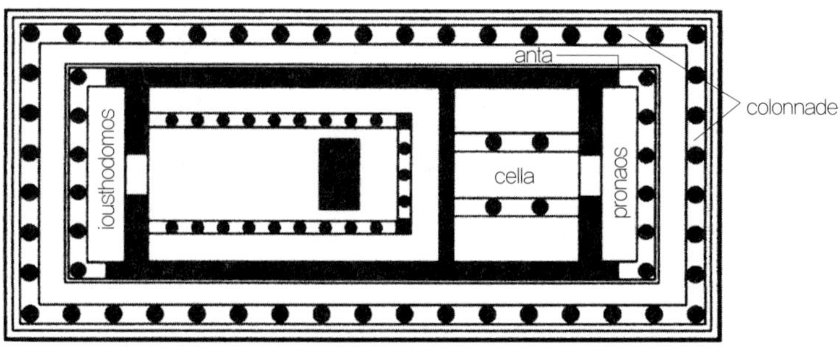

음악의 비례가 적용된 파르테논 신전의 기둥 배치

그리스의 신전들이 음악의 비례를 바탕으로 만들어졌다는 사실을 입증하고자 한 연구사례도 있다. 1930년대의 그리스 건축가 지오르지아데스Georgeades는 신전기둥들의 크기, 기둥과 건물전체의 관계, 심지어는 기둥의 간격마저도 음악적인 비례에 의해 설계되었다고 연구를 통해 밝히고 있다. 그는 그리스 신전이 조화롭고 아름답게 보이는 이유는 음악의 비례와 훌륭하게 맞아떨어지기 때문이라고 말한다.

고대 그리스뿐만 아니라, 고대 로마를 거쳐 르네상스시대에서도 두 예술의 교류는 활발하게 이루어졌다. 건축의 경우, 고대 로마의 비트루비우스, 르네상스의 알베르티와 팔라디오 같은 건축가들이 그런 작업을 한 사람들이다. 특히 알베르티를 비롯한 르네상스의 건축가들은 음악의 비례를 구체적으로 건축에 활용했다고 한다. 근대와 현대에 들어서도 소수의 사람들에 의해 두 예술의 교류는 이어져오고 있는데, 비교적 최근의 건축가, 음악가들이 어떤 식으로 건축과 음악을 연계시키고 있는지 다음 장에서 살펴보자.

2악장

건축과 음악을 넘나드는 사람들

음악을 사랑한 건축가

건축을 사랑한 음악가

환상幻想성.
이것은 건축에 있어서의 부피, 면적, 무게 그리고 움직임 등을
시적 수준으로 변화시키는 것을 말한다.
건축에 이와 같은 환상성이 없다면,
그것은 예술이 될 수도, 아니 건축이 될 수조차 없다.
다만 기술과 재료의 혼합물에 지나지 않는다.
르 꼬르뷔지에의 말을 빌자면, 건물은 반드시 노래해야만 한다.
이 무언의 노래가 건축이 갖는 환상성이다.
– Gio Ponti

2악장

건축과 음악을 넘나드는 사람들

건축가이면서 음악을 사랑한 사람들이 있다. 음악과의 접촉을 통해 의도했든 의도하지 않았든, 그들의 작품 속에는 음악적인 성향들이 다분히 내포되어 있다. 또한 음악가이면서 그에 못지않게 건축을 사랑한 사람들도 있다. 그들은 마치 건축가가 집을 짓는 것과 같은 방식으로 음악을 만들어간다.

음악과 건축은 알게 모르게 서로의 창조적 작업에 영감의 원천으로 작용하고 있다. 비교적 최근의 건축가와 음악가들이 어떤 식으로 두 예술을 넘나드는지 그 이야기 속으로 들어가 보자.

음악을 사랑한 건축가

르 꼬르뷔지에Le Corbusier, 1887~1965

르 꼬르뷔지에는 스위스에서 태어나 프랑스에서 활동한 건축가로 근대 건축의 역사상 가장 뛰어난 인물 중 한 사람이다. 건축을 전공하지 않은 사람이라도 아마 한번쯤은 그 이름을 들어봤을 것으로 생각된다.

르 꼬르뷔지에는 미술에 탁월한 능력을 보였지만, 음악에도 무척 조예가 깊었다. 그는 음악을 작품 전반에 걸쳐 유용한 도구로 활용했으며, 음악이 얼마나 훌륭한 건축의 재료가 될 수 있는지 잘 보여준 건축가다. 그의 작품 중 롱샹성당, 라 뚜렛 수도원, 필립스관과 같은 후기의 작품들은 확실히 음악을 염두에 두고 건축된 것들이다. 특히 필립스사의 요청으로 제작된 필립스관Phillips pavilion, 1958은 음악의 악보를 그대로 건축에 적용시킨 작품이다. 르 꼬르뷔지에의 건축과 음악에 대한 이야기는 책의 후반부에서 중요하게 다루어질 것이다.

프랭크 로이드 라이트Frank Lloyd Wright, 1889~1998

"위대한 건축은 인간이 위대하다는 가장 위대한 증거다"라고 말한 프랭크 로이드 라이트. 그는 미국이 낳은 최고의 건축가라고 말해도 아무런 이견이 없을 것 같다. 라이트는 르 꼬르뷔지에, 미스 반 데어 로에Mies van der Rohe, Ludwig, 1886~1969와 함께 20세기 건축계의 3대 거장으로 불린다.

라이트의 아버지는 목사이자 정식으로 교육받은 작곡가였다. 그는

로비하우스, 미국 시카고, 라이트

낙수장, 미국 펜실베니아, 라이트

자신의 음악에 대한 사랑이 아버지로부터 물려받은 단 하나의 유산이라고 말한다. 바흐와 베토벤을 좋아한 아버지에게 피아노를 배운 라이트는 늘 피아노연주를 즐겼다고 한다. 조화와 리듬을 중시하는 그의 건축 스타일도 아버지를 통해 얻은 음악적 영향이 깊이 작용한 것으로 보인다.

라이트의 건축이념을 한마디로 요약하면 '유기적 건축Organic architecture'이다. 유기적 건축이란, 건축을 구성하는 여러 개체들이 긴밀하게 연결되어 일체를 이루는 건축을 말한다. 건축의 요소들뿐만 아니라 내부와 외부의 공간, 자연과 건축물도 하나가 되는 건축이다. 라이트의 첫 현대식 건물이라고 할 수 있는 로비 하우스Robbie House, 1910는 내부와 외부공간의 상호관입相好貫入의 중요성을 잘 보여주는 작품이다. 이 건물의 길게 뻗어 나온 처마Cantilever 아래의 공간은 그 동안 사람들이 알고 있던 공간에 대한 인식을 바꿔놓는 계기가 되었다. 내 · 외부공간이 유기적으로 연결되어 내부도 외부도 아닌 새로운 공간이 생겨났으며, 이로써 건축공간의 구성체계가 한층 풍요로워지게 되었다.

"교향곡은 소리의 건축이다"라고 자주 말했다는 라이트는 음악을 만드는 방식과 건물을 설계하는 방식을 같이 보았는지도 모른다. 그의 유기적 건축은 음악이 만들어지는 과정과 흡사하다. 음악은 하나의 큰 틀 안에서 작은 형식들이 자연스럽게 연결되어진다. 멜로디, 화성, 리듬 등의 요소들이 상호 연관관계를 이루면서 연속과 확장, 반복 및 대립을 펼쳐나간다. 결국 그 모든 개체들이 일체가 되어 하나의 교향곡이 탄생하게 되는 것이다.

라이트는 어느 건축가보다도 자연으로부터 많은 영감을 받은 건축가로 알려져 있다. 자연과 놀라울 정도로 잘 어우러진 주택 낙수장落水場, Kaufman House, 1939은 유기적 건축의 원숙한 경지를 느끼게 해주는 작품이다. 숲 속의 폭포 위에 멋들어지게 서 있는 이 주택은 시끄러운 물소리 때문에 거주자의 불평이 끊이지 않았다는 후문을 전한다.

내친 김에 라이트에게 꼬리표처럼 따라다니는 유명한 일화 몇 가지를 소개할까 한다. 한번은 라이트가 설계한 빌딩의 입주자가 물이 새어 책상 위로 떨어진다는 불평을 하자, 그는 "그러면 책상을 옮기십시오."라고 말했다고 한다. 또 누군가 그에게 "당신은 미국에서 살아 있는 가장 위대한 건축가입니다."라고 칭찬하자, 라이트는 정색을 하며 말했다. "미국은 뭐고 살아있는 건 또 뭔가? 나는 이제껏 존재했던 건축가들 중에 가장 위대한 건축가일세. 미국이나 살아있다는 말 따위는 잊어버리게." 그가 88세 되던 해에 한 TV의 토크쇼에 나와서는 "나는 세계에서 가장 위대한 건축가입니다. 내가 그렇게 말했다면 그게 그다지 터무니없다고는 생각되지 않습니다."라고 했단다. 자신에 넘친 그의 발언이 그 당시엔 오만하게 들렸겠지만, 오늘날 그의 명성을 생각해 보면 전혀 틀린 말은 아닌 것 같다.

엘리엘 사리넨Eliel Saarinen, 1873~1950

핀란드 출신의 엘리엘 사리넨은 파리 만국박람회의 출품작인 핀란드관1899의 설계로 주목을 받게 된 건축가다. 대표작은 핀란드 헬싱키의 국립미술관1902과 철도역1919, 미국 미네소타주의 루터교회1950 등이다. 핀란드에서 미국으로 이주한 후에는 마천루와 교회설계로 미

클라인한스 음악당, 1940, 엘리엘 사리넨

국의 근대 건축에 많은 영향을 끼친 인물이다. 그의 아들인 에로 사리넨Eero Saarinen, 1910~1961도 역시 유명 건축가다.

엘리엘 사리넨은 라이트와 마찬가지로 피아노 연주에 능숙했다고 한다. 직접 자신의 피아노로 청중들 앞에서 연주도 했을 정도라고 하니 솜씨가 탁월했나보다. 라이트와 사리넨 이 두 사람은 음악적인 활동을 자신들의 교육과정에 포함시키기까지 했다. 건축의 입장을 떠나 음악의 측면에서 보면, 사리넨이 라이트보다 더 뛰어났던 것 같다. 그는 시벨리우스와 말러 등 당대의 기라성 같은 작곡가들과 개인적인 친분을 유지할 정도였다고 하니 말이다. 음악과의 이런 깊은 접촉 때문인지 그의 건축에는 종종 서정적이란 수식어가 따라 붙는다.

루이스 칸Louis. I. Kahn, 1901~1974

침묵과 빛의 건축가로 불리는 루이스 칸은 에스토니아에서 태어나 1906년 미국에 정착하게 된 건축가다. 그는 하프연주자인 어머니와 공예가인 아버지로부터 음악과 미술의 자질을 물려받았다. 그의 어머니는 음악가가 되길 원했고, 아버지는 화가가 되길 원했지만, 자신은 결국 건축가의 길을 택했다고 한다.

칸은 주인공간Servant space, 하인공간Served space이라는 명제를 탄생시킨 장본인이다. 이는 건축공간이 단지 기능적인 요소만이 아니라 위계질서를 가진 요소이며, 건축물에 생명을 불어넣는 감각적인 요소라는 개념이다. 주인공간은 거실, 침실, 사무공간과 같이 건축물 내에서 주요 기능이 이뤄지는 곳이고, 하인공간은 계단실, 화장실, 창고처럼 보조적인 기능의 공간을 말한다. 칸은 이처럼 공간을 생명체로 인지하면서 그 속에서 자연스런 동선의 흐름을 꾀하고 있다. 또한 공간을 용도별로 분리시킴으로써 설비 및 공조의 효율성을 높이는 효과도 겸하고 있다.

킴벨미술관Kimbell Art Museum, 1972은 칸의 기념비적인 작품 중의 하나이다. 길이가 30미터나 되는 여섯 개의 기하학적 곡면볼트Cycloidal Vault로 연결되어 있는 이 건물은 언뜻 보면, 마치 축사나 공장을 연상시키기도 한다. 그러나 그 안에서는 칸의 트레이드마크인 '빛' 이 마술을 부리는 깜짝 놀랄 장면이 펼쳐진다. 곡면볼트의 중심을 따라 자연광光이 실내로 은은하게 흘러들며 장관을 이루고 있는 것이다. 빛으로 채워진 이 공간들은 끝없는 연속과 확장을 반복해간다. 미술관에 자연광을 채택한다는 것은 그 당시로서는 흔치 않은 일이었

킴벨미술관 전시실 내부

킴벨미술관의 전경, 미국 텍사스, 칸

다. 그는 직사광선으로부터 미술품을 보호하기 위해 빛을 천장에 반사시킨 후 간접적으로 끌어들이는 방식을 채택했다. 천장의 색과 혼합된 부드러운 은색의 빛은 내부공간을 감싸며, 보는 이로 하여금 신비감을 느끼게 한다.

킴벨미술관은 외형이 무척 단순하지만, 그 속에는 다양한 대조의 기법들이 숨어 있다. 그것은 채움의 공간과 비움의 공간, 물의 공간과 땅위의 공간, 곡면과 평면, 그리고 동銅과 금속이라는 재료의 대조이다. 이렇게 극단적인 대조를 이루면서도 서로 유기적으로 결합하고 있는 킴벨미술관의 구성은 음악기법의 하나인 대위법對位法과 흡사하다. 대위법은 성격이 서로 다른 독립적인 선율들을 대립시키는 동시에 조화롭게 배치시켜 나가는 기법이다.

160cm가 조금 넘는 작은 키, 어릴 때 입은 화상으로 온통 흉터로 뒤덮인 얼굴. 학창시절에는 형편이 어려워 오르간 연주 아르바이트로 간신히 건축과를 졸업했다고 하는 칸. 그가 건축으로 자신의 이름을 알린 나이는 53세다. 그 동안 뭘 하고 있었냐고 물으니 "공부하고 있었소!"라고 대답했다고 한다. 그 이후, 그는 억제되어 있던 열정을 마음껏 분출하며 킴벨미술관, 솔크연구소, 그리고 그의 유작이 된 방글라데시의 국회의사당과 같은 최고의 역작들을 선보인다.

몇 년 전이던가? 영화제작자인 그의 아들Nathaniel Kahn이 'My Architect'란 제목의 아버지에 대한 다큐멘터리 영화를 만든 적이 있다. 오스카상과 아카데미상 다큐멘터리 부문 최우수상 후보에도 올랐던 이 영화 속에는 루이스 칸이 재료를 의인화해 학생들에게 강의를 하는 장면이 들어 있다. "벽돌아, 넌 뭐가 되고 싶니?" 벽돌이 말한다.

"나는 아치Arch가 되고 싶어요." 칸이 말한다. "이봐, 아치는 공사비가 너무 비싸잖아." 벽돌이 말한다. "그래도 나는 아치가 되고 싶어요." 재료와 공간을 마치 살아있는 것처럼 다루었던 건축가 루이스 칸. 그래서인지 그의 건축은 생명력이 넘쳐나며, 심오하기까지 하다.

다니엘 리베스킨트Daniel Libeskind, 1946~

다니엘 리베스킨트는 최근에 각광받는 건축가들 중에서도 단연 돋보이는 인물이다. 그는 9 · 11 테러로 붕괴된 세계무역센터의 신축 빌딩 설계안 공모에 '프리덤 타워Freedom Tower, 2003'로 당선되면서 단숨에 사람들에게 알려졌다. 피터 아이젠만, 베르나르 츄미, 프랭크 게리, 자하 하디드, 렘 쿨하스, 쿠프 힘멜블라우와 함께 이른바 7

덴버 미술관, 미국 콜로라도, 리베스킨트

인의 해체주의자로 불리는 리베스킨트는 기존의 고정된 건축을 부정하는 건축가로 유명하다. 그의 대표작으로는 베를린 유대인박물관2001, 대영 전쟁박물관2002, 덴버미술관2006 등이 있다. 우리나라에서도 서울 삼성동 아이파크 타워와 부산 해운대 아이파크의 설계로 친숙한 건축가다.

리베스킨트는 폴란드에서 홀로코스트(유대인 대학살) 생존자인 부모에게서 태어난 후 이스라엘로 이주했다. 이스라엘에 머물 당시에는 아코디언 연주에 천부적 재능을 보이며, 음악콩쿨에서 여러 차례 입상하기도 한다. 그는 음악 장학생으로 선발되어 뉴욕으로 유학을 떠난 후 거기서 정착하게 된다. 미국에서 음악을 공부하던 리베스킨트가 건축으로 진로를 바꾸게 된 계기는 그의 어머니로부터 들은 말 때문이었다고 한다. "건축가가 되어라. 건축은 돈도 되지만, 예술이기도 하다. 예술가는 건축을 할 수 없지만, 건축가는 예술을 할 수 있다. 일거양득 아니냐?"

리베스킨트는 음악뿐 아니라, 그림에도 일가견이 있다. 스케치를 할 때는 음악을 사랑하는 사람답게 오선지를 자주 애용한다고 한다. 불규칙한 이미지들을 자유롭고 역동적으로 그려낸 그의 스케치들은 참으로 경쾌한 느낌을 준다. 마치 음악의 이미지를 그림으로 표현하고 있는 듯하다. 리베스킨트의 건축 역시도 리드미컬하고 역동적이며 조형미가 뛰어나다.

리베스킨트는 건축, 음악, 그리고 영혼이 깃든 정신이 새로운 가치를 창출한다고 말한다. 그는 음악 이외에도 철학, 문학, 연극, 영화 등 여러 예술을 건축에 접목시키고자 부단히 노력하는 건축가이기도 하다. 그는 마르셀 프루스트가 평범한 보도블록에서 영감을 얻었듯, 콘크리트와 쇳덩어리에서 영감을 얻는다고 한다. 앙리 베르그송의 철학과 때로는 위대한 무용가의 춤을 보면서 영감을 얻기도 한단다.

또한 음악적인 아이디어를 얻기 위해서 쇤베르크Arnold Schöenberg의 음악과 글렌 굴드Glenn Gould의 피아노 연주를 자주 듣는다고 한다. 음악에 지식이 있는 사람들은 쇤베르크를 얘기하면 '무조無調음악'과 '12음기법'을 먼저 떠올릴 것이다. 기존 음악의 고정된 틀을 깨어버린 쇤베르크의 이런 기법들이 바로 건축의 해체주의와 일맥상통한다. 해체주의 건축가로 불리는 리베스킨트가 자주 들으며 영감을 얻을 만하다. 한순간 불꽃처럼 타올랐다가 연기처럼 사라져버린, 음울한 열정의 피아니스트 글렌 굴드. 우리도 쇤베르크의 음악이나 글렌 굴드의 연주를 들으면, 어떤 우연적인 영감을 얻게 될까?

얘기가 나온 김에 이 두 사람의 음악을 하나씩 소개할까 한다. 바흐의 '골드베르크 변주곡Goldberg Variations'과 쇤베르크의 현악6중주곡 '정화된 밤Verklärte Nacht'이다. 글렌 굴드가 연주한 골드베르크 변주곡은 너무나 특이해 굴드베르크라고 불리기까지 한다. 광기어린 연주 솜씨도 일품이지만, 음악 중간 중간에 흘러나오는 굴드의 숨소리와 허밍이 인상적인 곡이다. 쇤베르크의 정화된 밤은 무조음악이나 12음 기법으로 넘어가기 전의 초기작품이라 난해하지 않고 서정성이 짙게 깔려있는 곡이다. 이 곡은 쇤베르크가 상징주의 시인 데멜Richard dehmel의 정화된 밤이란 동명의 시를 읽고 영감을 얻었다고 하는데, 마음이 우울할 때 들으면 제목과 같이 마음이 정화되는 곡이다.

건축가 프랭크 게리는 리베스킨트에 대해 다음과 같이 말한다. "리베스킨트는 건물을 통해 감정을 표현합니다. 이것은 건축가들이 가장 어려워하는 작업이죠." 지금까지 현존해왔던 건축을 모방하지 않고, 대신 건축의 모험과 신비 속으로 뛰어 들어가겠다고 말하는 리베스킨트. 앞으로 또 어떤 작품이 나와서 우리를 깜짝 놀라게 할지, 정말 기대되는 건축가다.

건축을 사랑한 음악가

끌로드 드뷔시 Achille Claude Debussy, 프랑스, 1862~1918

인상파 음악의 창시자이자 완성자로 불리는 드뷔시는 음악을 건축에 접목시키고자 했던 건축가들처럼 건축의 구성을 음악에 도입하고자 노력했던 음악가다. 드뷔시의 곡을 듣고 있으면 꿈을 꾸는 듯 미묘한 환상에 사로잡힌다. 마치 팔레트에서 섞지 않고 직접 붓에다 여러 물감을 듬뿍 묻혀 캔버스에 칠해놓은 그림처럼 색채가 짙다. 그 풍

'달빛' 중의 겹친 화음

부한 음색의 비밀은 그가 즐겨 사용하는 화음에 있다.

베르가마스크 모음곡Suite bergamasque 중 세 번째 곡인 '달빛Claire De Lune'은 일반에게도 널리 알려져 있는 곡이다. 드뷔시는 이 곡에서 달의 은은함을 표현하기 위해 화음들을 대담하게 겹쳐서 사용하고 있다. 몇 겹으로 중첩된 이 화음들은 몽환적이면서도 낭만적인 분위기를 만들어내고 있다. 드뷔시 최고의 역작으로 꼽히는 '바다La Mer'에서도 화음들이 주는 느낌은 신비롭다. 이 곡은 고요한 새벽바다에 해가 떠오르고, 작은 물결에서부터 시작해 큰 파도를 일으키며, 마침내 광풍이 몰아치는 바다의 모습을 자연스럽게 떠올리게 한다.

서정적이면서도 환상적인 느낌을 주는 드뷔시의 곡들은 사실 알고 보면, 치밀하게 계산된 건축적인 구조에 의해 만들어져 있다. 그는 이등분할이나 황금비율, 피보나치 수열과 같은 건축의 비례체계를 음악에 끌어들여, 마치 건축가들과 같은 방법으로 곡을 만들고 있다. 음악의 시간을 건축의 공간처럼 구획하고 있는 것이다.

드뷔시를 얘기하니 전해지는 재미있는 일화 한 가지가 떠오른다. 그는 곡을 느리게 쓰기로 유명했다고 한다. 메트로폴리탄 오페라 극장이 그에게 오페라를 의뢰하자 "언제까지 완성해야 합니까?"라고 드뷔시가 물었다. "다음 시즌 개막 공연에 올려야 하니 3개월 정도 여유가 있습니다."라고 하자, 드뷔시는 곤란한 듯 이렇게 말했다고 한다. "3개월? 두 개의 화음이 생각났을 때 어떤 것으로 정할지 결정하는 데만도 3개월이 걸리는데…" 고심한 흔적이 역력히 담겨 있는 그의 화음들을 보면, 많은 시간이 걸렸을 것 같기도 하다.

벨라 바르톡Béla Bartók, 1881~1945

헝가리의 작곡가 바르톡은 드뷔시보다 더욱 세밀한 방법으로 건축의 원리를 음악에 끌어들이고 있다. 다수의 사람들은 그의 음악이 복잡하고 난해한 현대 음악들 중에서도 가장 대표적인 것이라고 말한다. 또 이보다 더한 대위법과 불협화음을 사용한 음악은 없다고도 말한다. 이 말들처럼 그의 음악에는 당시로서는 상상하기 힘든 파격적이고 대담한 불협화음들이 등장한다. 불협화음뿐 아니라 리듬들도 불규칙적이고 박자도 끊임없이 변화한다. 한 마디로 거칠고 자극적인 소리들로 가득 차있는 음악이다.

바르톡은 어떤 식으로 자신의 음악에 건축원리들을 집어넣었을까? 그가 사용한 방법도 드뷔시와 마찬가지로 건축의 비례를 음악에 적용시키는 것이었다. 그러나 바르톡의 수법은 드뷔시에 비해 훨씬 구체적이라고 할 수 있다. 그는 피보나치 수열에 따라 음악의 마디를 나누고, 곡의 클라이맥스는 반드시 황금분할지점에 위치시켰는데, 이런

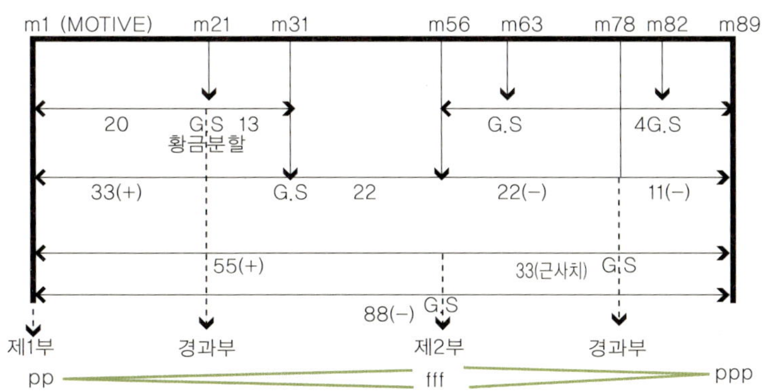

'현악기와 타악기와 첼레스타를 위한 음악' 의 구조

방법을 곡의 구조뿐만 아니라 모든 부분에 적용시키고 있다.

바르톡의 곡 '현악기와 타악기와 첼레스타를 위한 음악Music For Strings, Percussion & Celesta, 1936'은 건축적 구조로 만들어진 대표적인 곡이다. 이 음악은 주제Theme의 위치, 선율의 구성, 화성의 진행, 그리고 리듬까지도 황금비와 피보나치 수열에 의해 결정되었다. 심지어는 셈여림, 악기의 배치와 같은 지극히 세밀한 부분에서도 이런 방법을 쓰고 있다.

불안한 느낌을 조성하는 불협화음들이 심장을 쿵쾅거리게 하는 바르톡의 음악은 마치 어떤 광란의 세상에 와 있는 것 같은 착각을 불러일으킨다. 수없이 많은 광대들이 음악의 시간 속에서 정신없이 뛰어다니고, 춤추고, 떠들고, 노래하고, 울다가 웃다가 하는 느낌이다. 그러면서도 헝가리민요풍의 이색적인 멜로디는 듣는 사람을 빠져들게 하는 매력이 있다. 건축적으로 계산된 탄탄한 구성은 전체적으로 견고한 느낌을 주며, 투박한 소리로 가득 찼음에도 불구하고 지극히 고상하고 신비롭게만 들린다.

칼하인츠 쉬톡하우젠Karlheinz Stockhausen, 1928~2007

독일 출신의 쉬톡하우젠은 9·11 테러로 세계무역센터가 파괴될 당시, "전 세계를 통틀어 가장 위대한 작품"이라고 발언해 물의를 빚기도 했던 작곡가다. 그 말로 인해 당시 그의 곡이 편성되어 있던 음악회들이 줄줄이 취소되었다고 한다.

쉬톡하우젠은 '전음렬全音列, total serialism주의'라 일컬어지는 새로운 개념의 음악을 구사한 작곡가다. 전음렬주의란 간단히 말하면,

음악의 모든 요소를 잘게 등분하여 그 규칙에 따라 곡을 만들어가는 기법이다. 그는 "음악은 음의 조직화이며, 작곡가의 과제는 모든 음을 전체적으로든 부분적으로든 통일적 법칙에 따라 정리하는 것이다."라고 말하며, 스스로를 음의 건축가라고 칭했다. 또한 음이 시간 속에 존재하는 것이 아니라, 음 속에 시간이 존재하며, 작곡은 음악의 시간 속에 형태를 부여하는 것이라고 주장한다.

쉬톡하우젠은 기존의 음악과 전자음악을 결합하고, 음악의 시간 구성에 마치 건축에서처럼 공간을 도입하고 있다. 이른바 '공간음악'이라 칭해지는 개념으로 작품전체의 구조를 하나의 공간으로 파악하여 영역을 세분하는 방식이다. 그의 대표작 '소년의 노래1956'는 최초의 공간음악의 걸작으로 평가되고 있다. 성경의 다니엘서 제3장을 읽는 소년의 목소리를 녹음하여 전자음으로 변조, 합성시킨 이 곡은 청중을 둘러싼 5개의 스피커 사이를 마치 음이 날아다니듯이 제작되었다.

쉬톡하우젠은 음악을 건축에 비교하여 이야기하기를 좋아했다. "건축가가 건물을 만들 때, 아직도 황토나 벽돌만을 사용해야 하는가? 새로운 건축은 시멘트와 유리, 알루미늄과 같은 새로운 소재를 필요로 하고, 이들 소재가 새로운 건축을 가능하게 한다." 쉬톡하우젠의 음악과 영상은 인터넷 매체를 통해 쉽게 찾아볼 수 있다. 관심이 있다면, 그 기기묘묘한 사운드를 직접 한 번 경험해 봐도 좋겠다. 내가 알고 있는 사람 중에 공간구조와 음향에 대해 공부한 사람이 있는데, 그는 건축전공임에도 불구하고 쉬톡하우젠의 음악에 대해서 따로 공부해야만 했다고 한다.

야니스 크세나키스Yannis Xenakis, 1922~2001

"나는 음악이란 움직이는 건축이라고 말하고 싶다."라는 유명한 말을 남긴 크세나키스는 건축과 음악의 접목을 가장 확실하게 보여준 예술가다. 그는 수학의 확률체계와 컴퓨터를 사용해 작곡하는 '추정 통계학적 음악推定統計學的音樂, Music Stochastics'의 창시자이며, 동시에 건축가이기도 했다. 수학과 컴퓨터를 매체로 하는 그의 논리적인 사고는 건축과 음악을 자연스럽게 연결 짓고 있다. 그리스 혈통을 이어받은 크세나키스는 피타고라스가 그랬던 것처럼 음악을 다시 수학의 영역으로 포함시킨 장본인이며, 또한 그것을 건축으로 표현한 음악가이자 건축가다.

크세나키스가 음악과 건축의 길을 같이 걷게 된 과정에 대해 잠시 살펴보자. 루마니아에서 태어난 그는 10세 때 양친의 고향 그리스로 돌아간다. 그리스에서 음악공부를 계속하는 한편, 공학도가 되기 위해 아테네 공과대학에서 과학, 공학, 건축학을 전공한다. 그러던 중 2차 세계대전이 발발하고 그리스가 침략을 받게 되자, 그는 건축학교 내의 레지스탕스 그룹의 일원이 되어 저항운동에 참여하게 된다.

2차대전이 끝난 후의 그리스 내전 때에는 인민해방군 편에 참전하기도 했다. 그 당시 시가전에서 얼굴에 큰 부상을 당하여 한쪽 눈의 시력을 잃는 불운과 함께 사형까지 언도받게 된다. 그러나 1947년에 미국정부의 도움을 받아 프랑스로 정치적 망명을 하게 되며, 파리에서 르 꼬르뷔지에를 만나 그의 건축사무실에서 12년 동안 같이 일하게 된다. 크세나키스는 건축 일에 종사하면서도 한편으로는 작곡가 메시앙Olivier Messiaen에게 사사받으며, 음악에 대한 끈을 놓지 않는다. 메시앙은 "순수하고 자유로운 가운데 머무르라"는 메시지를 제자들에게 심어주었는데, 그는 스승의 그런 충고에 깊은 감명을 받았다고 한다.

크세나키스는 건축사무소에서 일하는 동안, 다수의 중요한 건축물들의 제작과 함께 르 꼬르뷔지에의 비례시스템인 '모듈러'의 제작에도 참여한다. 그는 수학과 음악에 관한 자신의 지식을 제안하며, 르 꼬르뷔지에의 음악적 조력자로서 영향력을 행사한다. 이 중 르 꼬르뷔지에와의 공동작품인 '필립스관'은 그가 건축가로서 세간의 주목을 받게 된 작품이다. 필립스관은 크세나키스의 음악작품을 토대로 해서 만들어진 독특한 건축물이다. 1972년에는 몬트리올 만국박람회의 프랑스관의 개막을 위해 '폴리토프Polytope'라는 전자음악을 작곡했다. 이 곡은 자신의 연출에 의해 '빛의 시'와 함께 상연되었고, 프랑스에서 수여하는 훈장을 받기도 했다.

크세나키스의 음악을 듣고 있으면, 참 묘한 느낌이 든다. 뭐랄까? 대개의 현대음악들이 그렇듯이 난해하긴 한데 전혀 거부감이 없다. 그래서인지 듣다보면 중독성마저 생긴다. 저음에서 고음으로, 고음에서 저음으로 일순간 미끄러지는 글리산도의 향연은 아름답기까지 하다. 그가 즐겨 사용하는 글리산도로 만들어진 곡들 이외에도 타악기를 위해 작곡된 '리본즈Rebonds'나 '콤보이Komboi'란 곡을 한 번 들어봐도 좋을 것 같다. 특히 리본즈는 마치 원시적인 아프리카의 북소리를 듣고 있는 듯 강렬한 인상을 주는 곡으로 리듬에 몸을 맡겨 음악과 일체가 되어 흔들거리는 연주자의 모습이 무척 흥미롭다. 이 곡들도 인터넷 매체를 통해 영상과 함께 감상할 수 있다.

음악과 건축과 수학 사이에서 아무런 혼돈도 없이 세 분야를 똑같이 넘나들었던 크세나키스에 대해 르 꼬르뷔지에는 다음과 같이 말한다. "그에게는 음악가, 건축가, 기술자라는 세 개의 직분이 알맞게 함축되어 있다." 크세나키스는 음악에서 독보적인 영역을 가진 선구자이기도 했지만, 실험정신이 타고난 뛰어난 건축가이기도 했다.

3악장
아름다운 수數

건축의 수

음악의 수

수는 왜 아름다운가?
이 질문은 베토벤 9번 교향곡이 왜 아름다운지 묻는 것과 같다.
나는 그저 수가 아름답다는 것을 안다.
그것이 아름답지 않다면,
이 세상에 아름다운 것은 아무 것도 없다.
– Paul Erdös

3악장

아름다운 수數

수학을 좋아하는 사람들에겐 황홀한 이야기, 싫어하는 사람들에게는 좀 지루할지도 모를 수數에 대한 이야기를 풀어보려고 한다. 그러나 여기서 다루려는 수는 딱딱한 수가 아니라, 멋진 비례를 창출하는 수이다. 건축과 음악이라는 예술을 더욱 조화롭게 만들어주는 아름다움의 매개체인 수에 대해 살펴보자.

19세기의 수학자 야코비Carl Gustav Jacobi가 '인류의 지知적 정신의 영광' 이라고 말한 수학! 수학은 언제부터 시작되었을까? 기록이 전하는 초기의 수학은 기원전 4천여 년경 고대문명의 발상지에서부터 시작되었다고 한다. 나일, 인더스, 황하, 티그리스 · 유프라테스의 4대강 유역에 도시가 형성되었고 문명이 발생했다. 잘 알듯이 이집트문명, 인도문명, 중국문명, 메소포타미아문명이다. 문명의 발생과 함께 수학도 생겨났다. 이집트에서는 주기적인 나일강의 범람으로 해마다 농지를 다시 측량하고 계산해야 했다. 그들은 수학을 측량술測量術에 도입해 이를 농지개량뿐 아니라 건축에도 활용했다. 이처럼 그 시대의 수학은 주로 농업이나 토목, 건축과 같은 실용적인 일에 쓰였다.

수학이 독립적인 학문으로서 심화되기 시작한 것은 대략 기원전 6세기경 고대 그리스인들에 의해서다. 수학은 피타고라스, 플라톤, 아리스토텔레스의 영향력 아래 철학과 함께 공존하게 된다. 특히 피타고라스학파의 수에 대한 사랑은 특별하고도 유별난 것이었나 보다. 이 세상 모든 것이 수로 이루어져 있다고 생각했으니 말이다. 우주도 자연도 수의 원리에 따라 만들어졌으며, 만물의 여러 관계들도 수의 질서를 기초로 연결되어 있다고 믿었다. 그들은 수를 마치 생명력이 있는 별도의 개체로, 혹은 일종의 신앙으로 여겼으며, 우주를 설명하는 특별한 기호이자 신의 언어로 생각했다.

이렇듯 그리스 시대의 수는 만물의 질서를 이루는 유일한 것으로 생각되었으며, 그 이후에도 소멸되지 않았다. 이후 고대 로마를 거쳐 중세의 건축에 적용되었고, 지금까지 이어져오고 있다. 음악에서도 수는 음계구성에서부터 화성법和聲法에 이르기까지, 음악이론이 만들어진 초기부터 폭넓게 사용되어 왔다. 결국 건축과 음악, 두 예술은 고대부터 수라는 매체를 구심점으로 지금까지 그 긴밀하고도 절묘한 관계를 계속 유지해오고 있는 것이다.

건축의 수

고대 그리스와 이집트의 수

피라미드, 파르테논신전, 밀로의 비너스, 다빈치의 모나리자, 미켈란젤로의 최후의 만찬, TV, 책, 엽서, 신용카드, 명함 하면 떠오르는 것이 있다. 다른 예를 좀 더 들어보자. 솔방울, 파인애플, 해바라기의 씨, 앵무조개, 소라껍질, 나선형 성운星雲, 파도, 사람의 인체 등등..

짐작한 바와 같이 정답은 '황금비율黃金比率, Golden Ratio'이다. 이는 고대 그리스의 철학자들이 아름다움의 절대 숫자, 우주의 비밀을 푸는 열쇠, 삼라만상을 지배하는 힘이라고 그토록 칭송했던 비율이다. 황금비의 정의는 하나의 선을 두 부분으로 나누었을 때, 한쪽의 제곱이 나머지와 전체를 곱한 것과 같아지는 경우를 말한다. 수학공식으로는 A/B=B/(A+B)이며, 이를 비율로 나타내면 가로세로 약 1:1.618 이 된다.

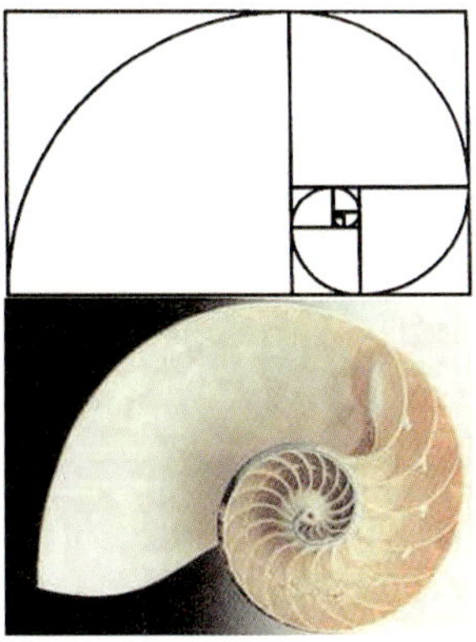

앵무조개의 황금비

해바라기씨

황금비는 사람의 눈에 가장 조화롭고 아름답게 인식된다고 한다. 그래서 여기에 변치 않는 아름다움의 상징인 황금이라는 이름이 붙여졌을 것이다. 만약 고대가 아닌 오늘날 발견되었다면 다이아몬드비율이라고 불렸을까? 황금비는 인간이 탐할 수 없는 어떤 신적인 힘이 응축되어 있다고 해서 '신성비례'라 불리기도 한다.

곤충의 몸이나 식물의 모양을 비롯해 수많은 자연계의 현상에는 신기하게도 이 황금비가 적용되어 있다. 자연뿐 아니라 사람들을 매료시켜온 예술작품들, 건축, 음악, 하다못해 생활소품들에 이르기까지 여지없이 적용되고 있다. 사람들이 물건을 고를 때도 무의식중에 황금비가 반영된 것을 고른다고 하니, 우리는 그야말로 황금비의 세상에 살고 있다고 할 만하다.

황금비는 기원전 4세기를 전후해 고대 그리스에서 발견되었다고 통상적으로 알고 있다. 그러나 다수의 연구들을 통해서 이집트의 피라미드에서도 나타나고 있는 것을 보면, 인류가 이에 대해 알게 된 것은 훨씬 이전부터라고 추측할 수 있다. 황금비는 대大피라미드로 불리는 기원전 25세기경의 쿠푸왕Khufu의 피라미드에서 그 유래를 찾아볼 수 있다. 이 피라미드는 형태뿐만 아니라 '왕의 방'이라 불리는 실室의 여러 구성들도 황금비와 딱 맞아떨어지고 있다.

몇 년 전, 운 좋게도 이집트를 여행 한 적이 있다. 운 나쁘게도 낙타는 타보지 못했지만, 내 바로 앞 차례에서 성질 고약한 낙타가 관광객을 엎어버리는 바람에 쿠푸왕의 피라미드까지 낙타를 타고 가는 일정이 무산되고 말았다. 할 수 없이 버스로 피라미드 바로 앞까지 이동했다. 거대 건축물이라고 늘 들어왔던 피라미드. 그 규모에 숨이 막힐

쿠푸왕의 피라미드, 이집트 기자Giza 지역

줄 알았는데, 막상 보니 의외로 그리 크게 느껴지지 않았다. 실제로 충분히 컸는데도 말이다. 차이를 지각할 수 없는 곳에서는 크기란 무의미한 것일까? 드넓은 사막 때문일 수도 있겠지만, 아마 황금비와 같은 최적의 비율들로 인해 더없이 안정적으로 보였기 때문인지도 모른다.

이집트의 피라미드를 거쳐, 고대 그리스의 파르테논Parthenon 신전으로 가보자. 기원전 4세기 중반에 지어진 파르테논 신전은 가장 뛰어난 도리스 양식의 건축물이자, 그리스인들의 수학과 예술 감각이 완벽하게 결합된 건축물이다. 파르테논신전이 그토록 아름답게 보이는 이유는 조화로운 비례 때문인데, 여기서도 어김없이 황금비가 적용되고 있다. 우선 신전의 정면이 황금비에 의한 직사각형이다. 박공(지붕 부분)도 건물의 전체 높이에서 황금분할한 것이며, 기둥의 높이도 황금비와 일치하고 있다. 뿐만 아니라 신전의 긴 측면까지도 기둥의 높

파르테논에 적용된 황금비

파르테논신전

이를 한 변으로 하는 황금 사각형 두 개를 붙여 놓은 것과 같다. 그야말로 황금비 일색이다. 황금비를 뜻하는 파이Phi는 신전 제작의 총지휘자였던 조각가 피디아스Phidias의 이름에서 유래된 말이기도 하다. 파르테논은 황금비 이외에도 성형오각형과 같은 다른 기하학적 비율도 적용되었으며, 착시현상을 보정하기 위해 엔타시스(배흘림)Entasis 기법이 사용된 건축물이기도 하다.

이집트를 여행할 당시, 그리스도 같이 둘러보게 되었다. 신들의 나라 그리스! 그리고도 아테네. 사람들은 하나같이 신상의 조각들처럼 훤칠하고, 철학의 나라여서 그런지 모이기만 하면 쉴 새 없이 얘기하던 곳. 새소리까지 무척 시끄럽고, 거리엔 개가 사람만큼이나 많았던 곳으로 기억된다.

유네스코 세계문화유산 1호. 꿈에 그리던 파르테논신전을 보기 위해 아크로폴리스로 향했다. 파르테논은 '처녀의 집' 이라는 뜻으로, 아시다시피 전쟁과 지혜의 여신이며, 아테네의 수호신인 아테나 여신에게 봉헌된 신전이다. 과거 한때 완벽한 균형미를 뽐내었던 파르테논은 역사 속에서 신전, 교회, 성당, 사원으로 차례로 사용되다가 터키가 그리스를 지배하던 17세기에는 급기야 탄약고로 쓰이는 운명까지 맞는다. 그 당시 이탈리아 베네치아 군대가 쏘아올린 대포에 맞아 폭탄이 터지면서 내부와 지붕이 파괴되었고, 그나마 남아 있던 중요한 유물들은 영국의 대영박물관에 전시되어 있다. 거의 빈터만 남아 있는 신전은 늘 보수공사와 북적거리는 관광객들로 몸살을 앓고 있다. 과거의 찬란했던 영광은 간데없이 상처투성이 뼈대만 남아 있는 오 빠르쎄노나스! 세월의 무상함을 여지없이 실감하게 하는 건축물이다.

고대 로마의 수

고대 그리스에서 이번엔 고대 로마로 넘어가보자. 기원전 1세기경, 카이사르와 아우구스투스 황제가 군림하던 시대에 비트루비우스Marcus Vitruvius Pollio라는 건축가가 있었다. 그가 저술한 10권으로 된 〈건축서De Architettura〉는 현존하는 유일의 고대 건축서다. 이 저서에는 건축가가 겸비해야 할 자질을 비롯해 건축교육, 재료, 구조, 토목, 설계, 도시계획 등 건축 전반에 관한 내용이 총망라되어 있다. 또한 건축 이외에도 음악, 회화, 연극, 천문, 기상, 군사기술에 관한 내용도 기술되어 있다.

이 책에서 비트루비우스는 특히 비례에 관해 중요하게 언급하고 있는데, 그는 건축이 예술이 되려면 규범이 필요하고, 이 규범에 따라 적절한 비례를 만들어야 한다고 말하고 있다. 이렇게 얻어진 비례는 미美의 기준이 되며, 그 비례미로 인해 비로소 건축이 예술로 고려되어진다는 것이다. 비트루비우스의 책에서 비롯된 유명한 그림이 있다. 르네상스의 만능 예술가 레오나르도 다빈치Leonardo da Vinci, 1452~1519의 '비트루비우스의 인체비례도'다. 내 지도교수님은 항상 '비트루비우스적 인간상'이라고 불렀는데, 이 그림은 다빈치가 이 책 3장의 신전건축에 관한 대목에서 영감을 받아 그린 것이다.

비투르비우스는 비례를 인체와 결부시켜 설명한다. "인체는 비례의 모범이다. 팔과 다리를 뻗으면 완벽한 기하학적 형태인 정사각형과 원에 딱 들어맞는다. 팔 다리를 뻗고 누워서 배꼽에 중심을 두고 원을 그리면, 손가락 끝과 발가락 끝이 원에 닿는다. 머리끝에서 발바닥까지 잰 사람의 키는 두 팔을 벌린 너비와 같기 때문이다."

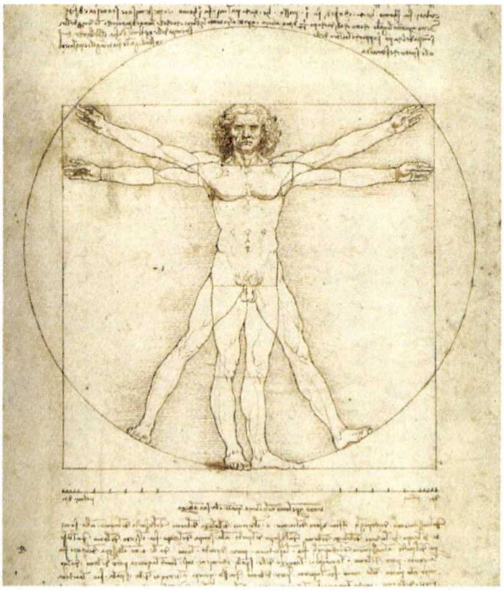

비트루비우스의 인체비례도, 다빈치

다빈치는 이 내용을 직접 사람을 대상으로 자를 대어 꼼꼼하게 실측해서 그림으로 옮긴다. 고대 로마의 인체비례는 이후 르네상스의 건축에서 더욱 활발하게 사용된다. 책의 제 5서에는 음악의 화성학和聲學에 관한 내용도 언급되어 있는데, 이는 음악의 비례기법을 건축에 적용시키기 위한 것이었다.

비트루비우스의 건축서는 15세기에 발견되어 초판이 간행되었고, 이후 많은 사람들에게 고대건축의 귀중한 자료로 활용되고 있다. 고대 로마의 건축물들도 잘 보존되어 있으면 좋으련만. 실제 로마에 가보면 여기저기 유적들은 많지만, 그나마 건재한 건축물은 원형경기장인 콜로세움Colosseum, 72~80년 뿐이었던 것으로 기억된다. 콜로세움은 다양한 모양의 기둥들이 흥미로운데, 1층은 도리스, 2층은 이오니아, 3층은 코린트양식으로 되어있다. 층층마다 모양을 달리하는 기둥들은

콜로세움, 이탈리아 로마

그 사이의 개방된 아치Arch와 함께 규칙적으로 반복되며, 통일된 조화를 이루고 있다.

르네상스와 근대건축의 수

고대 로마 시대의 건축은 비록 비트루비우스의 책이 존재한다고는 하나, 동시대의 다른 문헌이 없기 때문에 비례가 어느 정도 적용되었는지는 사실 불명료하다. 건축가가 자신의 건축물에 대해 기록하기 시작한 것은 르네상스Renaissance 때부터다. 14세기에서 16세기까지 이어진 르네상스는 고대 그리스와 고대 로마의 찬란했던 문화를 다시 한 번 꽃피우기 위해 이탈리아 피렌체를 중심으로 활발하게 펼쳐졌던 문예부흥 운동이다. 이 시기에 브루넬레스키Filippo Brunelleschi, 1377~1446를 시작으로 건축의 비례도 체계적으로 다듬어지게 된다.

고대 그리스나 로마처럼 르네상스의 건축가들도 조화와 균형을 강조했다. 그러나 그들은 피타고라스와 플라톤의 신神 중심의 사고에서는 벗어나 있다. 그들의 중심은 인간이었다. 완벽한 균형을 갖춘 인체에는 무한한 우주의 조화가 반영되어 있다고 생각했으며, 건물도 인체의 비례와 같이 조화롭게 만들어져야 한다고 결론지었다.

이전에 비해 더욱 합리적이고 과학적인 방법으로 건축의 비례체계에 접근했던 르네상스의 건축가들은 음악의 비례도 거리낌 없이 받아들였다. 알베르티Leon Battista Alberti, 1404~1472의 〈건축에 관한 것De Re Aedificatoria, 1450년〉이라는 저서에 이와 관련한 내용이 기술되어 있다. 이 책은 비트루비우스의 책을 모방하여 쓰여진 것으로 역시 10권으로 되어 있다. 그는 이 책에서 음악의 비례를 건축에 적극 도입할 것을 권유한다.

"건축에 있어서의 아름다움이란, 각 부분의 비례가 종합되어 조화로운 전체를 이루는 것을 말한다. 이러한 건축의 조화는 수의 비율을 통한 음악의 조화와 거의 동일한 방식으로 얻을 수 있다… 결론적으로 소리로 우리의 귀를 즐겁게 해주는 음악의 숫자가, 마찬가지로 건축에서 우리의 눈과 마음을 즐겁게 해주는 것이다. 그러므로 건축가들은 비례의 완성을 위해 음악가들로부터 그 규칙을 빌려와야 한다." 물론 음악의 비례가 유일한 것은 아니었겠지만, 르네상스의 건축가들은 그 나름대로의 음악적 척도를 사용하고 있었음을 보여주는 대목이다.

알베르티는 건축의 본질을 수를 통한 비례의 아름다움이라고 정

루첼라이궁전, 알베르티

의했다. 비례에 대한 그의 사랑은 완전한 대칭과 균형을 이루는 그의 건축물들에 잘 나타나 있다. 마치 콜로세움에서 영감을 얻은 것 같은 '루첼라이궁전Palazzo Rucellai, 1446~1451' 은 콜로세움과 마찬가지로 1층은 도리스, 2층은 이오니아, 3층은 코린트양식의 기둥으로 되어 있다. 수평으로 늘어선 아치형의 창문과 수직 기둥의 잘 짜여진 비례는 건물의 구성을 한층 조화롭게 한다.

단정한 균형미를 뽐내고 있는 '성 마리아 노벨라 성당Chiesa Di Santa Maria Novella 1456~1470' 은 미켈란젤로가 특히 좋아해 '나의 신부' 라는 애칭을 붙인 건물이다. 미켈란젤로의 말처럼 이 건물은 한눈에 보아도 우아하고 단정한 귀부인의 자태가 물씬 풍긴다. 알베르티는 레오나르도 다빈치보다 앞서서 다방면에 천재성을 보인 사람이다.

성 마리아 노벨라 성당, 알베르티

건축가, 화가, 조각가, 철학자, 수학자, 문학가 등등 그의 이름 뒤에 붙는 수식어가 무궁무진하다. 알베르티뿐 아니라 르네상스의 많은 건축가들이 동시에 화가 또는 수학자였던 것을 보면 이 시기에는 팔방미인이 대세였나 보다.

알베르티 이후 한 세기가 지나 르네상스는 후기로 접어든다. 이 시기에 베네치아공화국을 거점으로 왕성한 활동을 펼친 팔라디오 Andrea Palladio, 1508~1580라는 건축가가 출현한다. 18세기까지 이 명칭이 사용된 베네치아공화국은 베니스를 포함한 지금의 북부 이탈리아 베네토지역을 일컫는다. 이 지역의 중심에 위치한 비첸차Vicenza라는 도시는 '팔라디오의 도시'라고도 불릴 정도로 그의 대부분의 작품들이 지금까지 잘 보존되어 있다.

팔라디오의 건축을 한 마디로 말하면, 고대의 신전을 자신의 방식으로 재현시킨 것이라고 할 수 있다. 비례가 뛰어난 그리스 신전을 귀족들의 대저택으로 바꾸어 놓는 데 성공한 건축가라고나 할까? 그는 아마 르 꼬르뷔지에, 프랭크 로이드 라이트와 같은 근대건축의 영웅들이 등장하기 이전에 가장 영향력이 컸던 건축가일 것이다.

위대한 문호 괴테는 〈괴테의 이탈리아 기행〉이라는 자신의 책에서 팔라디오의 건축에 대해 여러 차례 언급하고 있다. 괴테의 표현을 빌자면 팔라디오의 건축물은 두 눈으로 직접 봐야지만 얼마나 훌륭한지 알 수 있다고 한다. 괴테는 팔라디오의 건축물들이 우리에게 커다란 감명을 주면서도 그로부터 매혹당하고 있다는 사실조차 잊게 만든다고 감탄한다.

팔라디오의 영향력이 얼마나 컸던지 그 이름에서 유래한 '팔라디안 스타일Palladian Style' 이라는 건축양식까지 생겨났다. 팔라디안 스타일은 오늘날까지도 주거, 종교, 공공건축에 쓰이고 있으며, 우리 주변에서도 심심찮게 찾아볼 수 있다. 팔라디오도 비트루비우스와 알베르티를 따라 〈건축4서Quattro Libri dell Architettura, 1570년〉라는 책을 집필했는데, 이 책은 고전 건축에 관한 자신의 연구를 적어놓은 것이다.

알베르티를 추종하던 팔라디오는 알베르티의 비례체계를 더욱 구체적으로 다듬어 나갔다. 그는 건축의 비례를 결정할 때, 산술, 조화, 기하, 평균 등 여러 가지 비율을 골고루 채택했으며, 특별히 선호한 비율은 1:1, 1:2, 2:3, 3:4, 3:5 그리고 1: $\sqrt{2}$ 였다고 한다. 팔라디오의 주요작품으로는 바실리카 팔라디아나1549, 빌라 라 로톤다1550~1554년

빌라 라 로톤다La Rotonda, 알베르티

경, 일 레덴토레 성당1576, 산 조르지오 마조레 성당1583, 현존하는 유일의 르네상스 극장 올림피코극장1584 등이 있다. 이 건축물들은 대부분 비첸차에 남아 있으며, 지금까지도 많은 사람들에게 사랑받고 있다. 비례와 조화를 무엇보다 중요시했던 팔라디오의 건축은 이후 신고전주의를 거쳐 르 꼬르뷔지에, 루이스 칸, 피터 아이젠만과 같은 근대의 건축가들에게까지 계승되었다.

브루넬레스키, 알베르티, 팔라디오의 전성기였던 르네상스의 건축은 거의 완벽에 가까운 균형과 비례를 갖추고 있었다. 하지만 그 비례는 너무 복잡하고 다양하여 변수가 많았다. 또 이 시기에 주로 쓰였던 기하급수幾何級數나 조화급수調和級數는 부가적인 특성이 없다는 중요한 단점을 가지고 있었다. 말하자면 개개의 방들이 아무리 비례를 잘 이루고 있다고 해도, 건물 전체가 꼭 조화를 이룬다는 보장이 없었던 것이다. 이에 비해 단순한 산술급수算術級數의 하나인 피보나치 수열은 부가성이 있다는 장점으로 이후의 건축에 자주 등장하게 된다.

피보나치 수열은 12세기 말 이탈리아의 수학자 피보나치Leonardo Pisano Fibonacci에 의해 발견되었다. 그는 자신의 저서를 통해 다음과 같은 질문을 던진다. "토끼가 죽지 않는다는 가정 하에, 토끼 한 쌍이 달마다 토끼 한 쌍을 낳고, 태어난 토끼들도 같은 식으로 달마다 새끼를 낳아간다면, 1년 동안 토끼는 몇 쌍으로 불어날까?" 토끼가 순차적으로 불어나는 방식은 다음과 같다. 1, 1, 2, 3, 5, 8, 13, 21, 34, 55, 89…. 즉, 앞의 두 수의 합이 바로 다음의 수가 되는 것이다.

이렇게 단순한 피보나치 수열이 중요하게 취급되는 이유는 자연계의 일반법칙들이 이 수열을 따르고 있기 때문이다. 피보나치 수열은 황금비와도 밀접한 관련이 있는데, 신기하게도 인접한 두 수의 비를 계속 구해 나가면 황금비에 점점 가까워진다. 건축에서 비례를 얘기할 때 빠질 수 없는 것이 황금비율과 피보나치 수열이다. 황금비와 피보

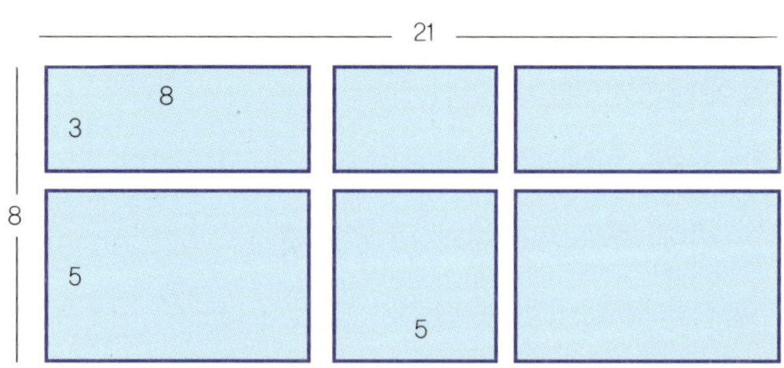

피보나치 수열의 원리와 피보나치 수열에 의한 평면의 비례

나치 수열은 근대로 넘어와 르 꼬르뷔지에의 비례시스템인 모듈러에도 채택되고 있다.

지금까지 살펴본 바와 같이 건축의 수는 결국 비례체계와 맞닿아 있다. 수를 매체로 한 건축의 비례는 건축물에 안정감, 균형감, 조화로움을 부여하는 방법을 마련해 주고 있다.

음악의 수

고대음악의 수

서양음악은 기원전 800년~100년경에 번성했던 고대 그리스의 수학에 그 뿌리를 두고 있다. 그러나 그리스인들이 이집트에서 기하학을, 바빌로니아에서 수학을 배운 것으로 알려져 있는 것을 보면, 그리스 음악의 원류도 사실은 시대를 더 거슬러 올라가야 하지 않을까 생각된다. 그러나 아쉽게도 기록이 남아있지 않다. 그들의 노래는 과거의 시간 속으로 흩어져 아련히 울려올 뿐이다.

그리스의 철학자들은 음악가와 수학가의 역할을 동시에 수행했다. 그들은 음악을 수학의 한 분야로 취급했으며, 음악은 그 사이에서 많은 이론과 원칙들을 구축시켜 나갔다. 이미 이 시대에 피타고라스와 아리스토크세누스 같은 학자들에 의해 지금 서양음악의 기초가 되는 음정, 리듬, 선법旋法 등이 만들어졌다.

그리스인들은 음악을 사랑했다. 그리고 수를 더 사랑했다. 특히 피타고라스는 음악과 수와 불가분의 관계인 사람이다. 그는 음악이 단순한 소리의 예술이 아니라, 수에 의한 조화로운 현상이라고 여겼다. 그에게 만물은 수이거나 수의 모방이었다. 이처럼 세상의 모든 것을 수로 해석하던 그리스인의 가치관은 음악은 물론, 동시에 건축의 조화를 가져온 정신이기도 하다. 피타고라스와 그의 학파들은 수와 음악, 그리고 우주를 결합시켜 '음악우주론宇宙論'이라는 이론을 탄생시켰다. 이 이론의 요지는 소리의 조화는 곧 수의 조화이며, 음악이 가지는 특별한 힘은 우주의 조화로운 질서가 반영되었기 때문이라는 것이다.

피타고라스는 우주의 음악에 대해서도 이야기한다. "우주는 거대한 화음을 발생시키고 있으나, 인간은 태어나면서부터 들어왔기 때문에 우리 귀에는 그 소리가 들리지 않는다." 피타고라스가 말한 우주의 소리는 마치 우리가 태어나면서부터 접하지만, 그 존재를 느끼지 못하는 공기와 같을지도 모른다. 우주의 음악에 대해 얘기를 조금 더 하자면, 실제 우주가 소리를 발생시키고 있다는 최근의 자료들이 있다. 미항공우주국NASA의 한 연구에 의하면, 블랙홀은 'B♭'의 소리를 낸다고 한다. 그런데 이 음은 피아노의 맨 아래쪽 C(도) 음보다 54옥타브나 낮은 음이라 인간의 귀로는 들을 수 없다고 한다.

또 일본의 한 천문학 관련연구도 우주의 음악에 대해 밝히고 있다. "지구는 '후-움'이라는 아름다운 저음의 소리를 끊임없이 방사하고 있다. 만일 이 소리의 주파수가 더 높았다면, 한꺼번에 틀어놓은 몇백대의 텔레비전 소리가 들리지 않을 정도로 우리의 귀에 엄청나게 크게 들릴 것이다. 지구에서 가장 가까운 행성인 화성과 금성도 마찬가지의 소리를 낸다. 이들 행성은 각기 높이가 다른 소리를 내면서 마치 교향곡처럼 우주 안에서 음악을 만들어내고 있다."

오랜 전통을 가진 인도의 요가에서도 이와 비슷한 '오-움'이란 소리를 사용하는 걸 보면, 이 우주의 소리를 실제로 듣는 사람이 있었던 건 아닐까? 모든 물체는 진동한다. 움직이지 않는 돌까지도. 공기가 없거나 인간이 들을 수 있는 주파수의 범위를 벗어나면 그 소리를 감지하기 어렵겠지만, 사실 진동하는 모든 것은 소리가 있기 마련이다. 피타고라스는 이미 그 시대에 물체의 진동수와 비례를 바탕으로 음계를 만들어낸 사람이니, 이런 생각을 하게 된 것은 어쩌면 당연한 일일 수도 있을 것이다.

수를 바탕으로 하는 음악 이론은 고대 그리스뿐 아니라 고대의 인도에서도 찾아볼 수 있다. 수학이 발달했던 인도에서는 '수르티 Suruti' 라는 미분음微分音, Microtone이 오래 전부터 존재해 왔다. 철저한 수학적 이론이 뒷받침된 수르티는 한 옥타브를 현재 우리가 사용하고 있는 12음이 아닌 22음, 혹은 그 이상으로 잘게 쪼갠 것이다. 인도음악의 중요한 선법 중 하나인 라가Raga는 이 수르티를 토대로 발달해 왔다. 지금의 현대음악이 추구하고 있는 미분음을 인도인들은 이미 오래 전부터 사용해오고 있었던 것이다.

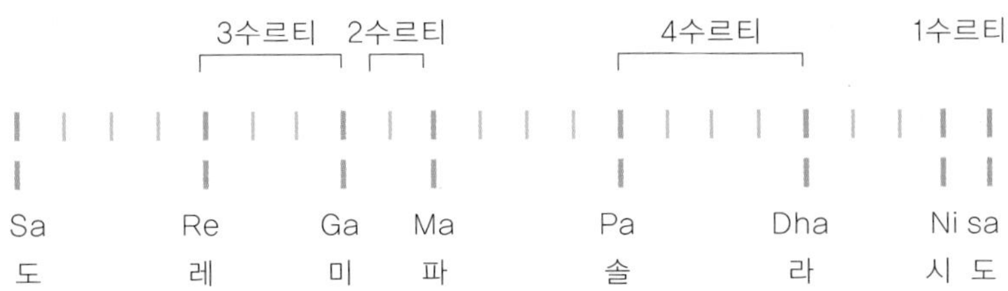

고대 인도의 수르티

중세음악의 수

중세 유럽의 대학에서 음악은 대수와 기하학 등을 포함한 수학에 기초를 둔 학문이었다. 당시의 작곡가들 대다수는 수리數理이론이나 집합이론 등을 동원한 수학적인 음악을 만들었다. 17세기, 바로크 시대에 탄생한 푸가Fugue가 대표적인데, 그 시대에 음악의 꽃이라 불렸던 이 기법은 형식과 구조를 강조한 지극히 수학적이고 건축적인 음악이다.

푸가는 '도주逃走한다' 라는 뜻의 라틴어 'Fuga' 에서 유래된 말로 고도의 '모방대위법模倣對位法' 을 구사하는 기법이다. 모방대위란 우리가 어렸을 때 자주 부르던 돌림노래, 혹은 한 사람은 달아나고, 다른 사람은 그 뒤를 쫓아가는 술래잡기라고 생각하면 이해가 쉽겠다. 대선율對旋律이라고 불리는 주제선율과 거기에 응답하는 선율이 서로 주고

바흐의 평균율곡집 1권 중 전주곡 1번 C장조와 동명의 조각, 로젠탈

푸가 7번 Eb단조, 누보

푸가 1번 C장조, 핸슨

받고, 밀고 당기면서 한 치의 오차도 없이 절묘하게 이어져 나간다. 대선율과 응답선율이 서로 화답하면서 확대, 축소, 역행, 반전되어 나가는 과정은 수학이나 기하학으로 정확히 설명되어진다. 수학을 토대로 하는 현대의 컴퓨터음악도 처음에는 푸가기법을 실현하기 위해 시작된 것이라고 한다.

푸가형식은 푸가의 완성자로 불리는 바흐Johann Sebastian Bach, 독일, 1685~1750에 의해서 집대성되었다. 피아노를 어느 정도 연주하는 분이라면 바흐의 푸가를 접해봤을 것이다. 바흐의 곡이 얼마나 견고한 느낌을 주는지, 그 정교한 구조는 마치 수학공식처럼 규칙적이며, 멈추지 않는 시냇물처럼 자연스럽게 흘러간다. 멜로디 위주의 서정적인 음악과는 달리, 들을 때마다 새롭고 싫증이 나지 않는다.

바흐의 곡이 어떤 느낌, 어떤 구조로 되어 있는지를 잘 설명해주는 흥미로운 조각과 그림이 있어 잠시 소개해 보았다. 미국의 조각가 로젠탈Tony Rosenthal, 화가 핸슨CW Hansen, 그리고 프랑스의 조각가 앙리 누보Henri Nouveau의 작품이다.

건축가 폰티Gio Ponti는 바흐의 음악을 건축이라고 말한다. "건축은 초연하다. 음악은 그렇지 못하다. 그것은 진동한다. 바흐는 초연하다. 그는 건축가일지도 모른다." 바흐의 음악을 건축으로 표현한다면 어떤 멋진 건축물이 탄생하게 될까?

근대와 현대음악의 수

근대에 들어와 바르톡은 황금비와 피보나치 수열 등을 다양한 방식으로 자신의 음악에 반영시켰다. 그는 이런 방법을 사용해 작품의 구조가 건축적인 균형감을 이루도록 하고 있다. 그러나 이러한 수법은 사실 전혀 새로운 것은 아니며, 이전의 음악가들도 작품의 균형미 구축을 위해 이미 사용하던 방법이다. 너무나도 유명한 베토벤Ludwig van Beethoven, 독일, 1770~1827의 5번 교향곡, 흔히 운명이라 불리는 곡의 구조도 황금비에 의해 계산된 것이다. 황금비는 베토벤뿐 아니라 그 이전의 하이든, 모짜르트 같은 작곡가들도 은연중에 사용해왔던 방법이기도 하다.

음악에서 수학이 멀어진 것은 감성적인 표현에 치중하게 되는 베토벤 이후의 낭만주의 시대부터다. 그러나 20세기의 쇤베르크Anold Schönberg, 오스트리아, 1874~1951부터는 음악이 다시 수학의 영역으로 회귀하고 있다고 봐야 할 것이다. 쇤베르크는 초기의 자신에게도 남아 있던 과거 낭만음악의 잔재를 털어버리고, '12음기법'이라는 새로운 음악적 실험을 감행한다. 지금의 현대음악에도 대단히 큰 영향력을 행사하고 있는 12음기법은 조성調聲에 치중하던 종래의 음악체계를 파괴한 획기적인 기법이다. 그는 음악의 조성은 영원한 법칙이 아니라 단지 음악을 형식화하기 위한 하나의 수단이라고 생각했다. 이렇게 조성과의 관계를 단절하고 '무조無調, atonal음악'을 추구하게 된 쇤베르크는 이를 관리하는 방법으로 12음기법을 채택하게 된다.

쇤베르크 이전의 조성음악에서는 각 음들의 비중과 역할이 모두 달랐다. 주요화음, 버금화음, 딸림화음 등의 용어들이 이를 잘 설명해 준다. 이에 비해 12음기법은 한 옥타브 안의 12음 모두에 동등한 자격을 주고, 이 음들을 일정한 순서에 따라 배열하고 진행시킨다. 한 음으로 시작했다면, 나머지 11개의 음이 다 연주되지 않고서는 그 음으로 다시 되돌아올 수 없는 형식이다. 쇤베르크는 이 기법의 단조로움을 피하기 위해 매우 다양한 수학적 방법을 쓰고 있다. 원래형태의 반행형反行形, 역행형逆行形, 반행형의 역행형이라는 3개의 형태를 조합하여 하나의 음렬로부터 총 48개의 다른 음렬을 만들어낼 수 있게 했다.

그가 처음 이 기법을 세상에 내 놓았을 때, 인간의 예술적인 직관과 감성을 무시한 수학의 산물이라는 비난이 쇄도했다고 한다. 그래서인지 쇤베르크가 현대 음악에 끼친 영향력에 비해 그의 음악이 연주되

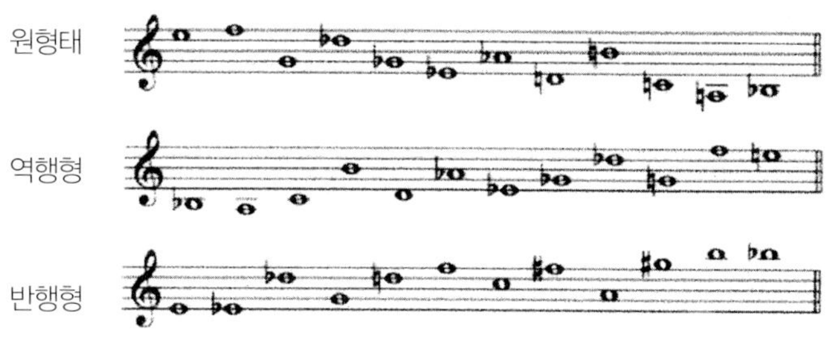

쇤베르크의 피아노모음곡 작품25번의 음렬형태

는 빈도는 미미하다. 해석이 까다로워 연주자들도 곤혹스러워한다는데, 이에 대해 쇤베르크는 "나의 음악은 어렵지 않다. 다만 제대로 연주되지 않았을 뿐이다."라고 말하며 애석해했다.

쇤베르크 이후, 과거의 전통을 벗어나려는 의식적인 시도는 여기저기서 봇물처럼 터져 나온다. 지금껏 숨어있다 갑자기 어디서 한꺼번에 나타났나 싶을 정도로 전위적이고 실험적인 작품들이 쏟아져 나왔다. 불레즈Pierre Boulez와 쉬톡하우젠은 12음기법을 구체화시켜 '전음렬주의Total serialism' 라는 더더욱 수학적인 음악기법에 도달했다. 전음렬은 음정뿐 아니라 선율, 리듬, 음색 등 음악의 모든 요소를 12등분으로 나누어 그 규칙 속에서 엄격히 통제하는 기법이다. 뒤를 이어 전자음향을 소재로 한 전자음악, 녹음을 매체로 한 구체음악, 컴퓨터음악 등 다양한 영역의 음악들이 줄지어 선을 보인다. 이 모든 현대음악의 저변에는 수학이 자리 잡고 있다.

이 혼돈의 상황에 케이지John Cage, 미국, 1912~1992가 '우연성의 음악Chance music' 으로 한 몫을 더한다. 우연성의 음악은 말 그대로 우연적이거나 예상 밖의 요소들을 재료로 하는 음악으로 다른 말로 불확정성 음악indeterminacy, 또는 주사위 음악aleatory이라고도 부른다. 예를 들면, 동전이나 주사위를 던져서 음을 결정한다든지, 연주자들에게 악보의 일부분을 삭제하거나 순서를 임의적으로 바꾸도록 하는 것 등이다.

이미 고전이 되어버렸지만, 케이지의 '4분 33초' 라는 유명한 곡이 있다. 연미복을 차려입은 피아니스트가 무대에 나와 인사를 한 후, 피아노 앞에 앉는다. 그러나 이 연주자는 아무것도 연주하지 않은 채

4분 33초 후에 인사를 마치고 퇴장해버린다. 이 곡은 3악장으로 되어 있다고 하는데, 케이지의 자체해설이 재미있다. "1악장에서는 음악이 연주되기를 기다리는 청중들의 긴장감이 느껴지고, 콘서트홀 밖에서 나무들이 바람에 스치는 소리가 들렸다. 2악장에서는 지붕을 두드리는 빗소리가 들렸으며, 3악장에서는 당황한 청중들의 떠드는 소리가 섞여 들려왔다."

이러한 일회적이고, 즉흥적인 음악들은 전통적인 악보의 개념마저 파괴하고 있다. 이제는 더 이상 예전처럼 오선지에 기보한다는 것은 불가능한 일이 되어버린 것 같다. 그림인지 수학공식인지 분간이 안 갈 정도의 복잡하고 특이한 도형악보가 자연스럽게 쓰이고 있는 것을 보면, 우리가 기억하는 오선지는 곧 사라질 지도 모를 일이다.

현대의 음악은 이제 더 이상 주관적 감성의 표현이 아니라, 조직화된 체계 내에서 지시대로 움직이는 수학의 한 분야가 되어버린 것 같다. 서정적인 선율에 익숙해 있던 대중들은 쇤베르크 때와 마찬가지로

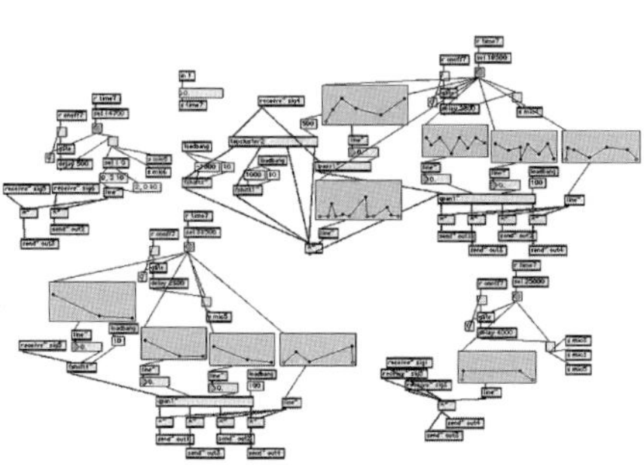

27' 10,554 For a Percussionist의 악보. 케이지

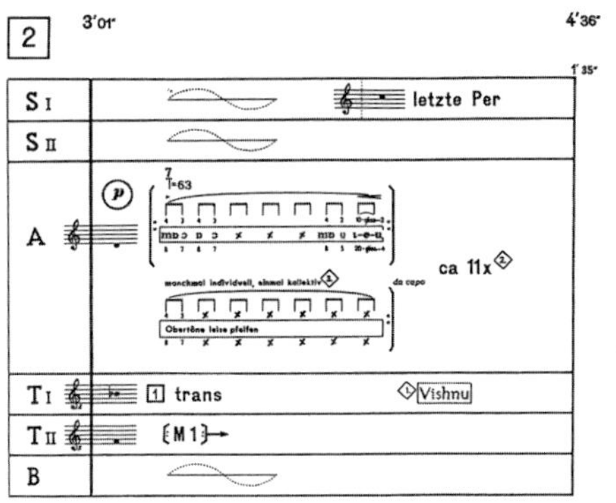

Stimmung의 악보, 쉬톡하우젠

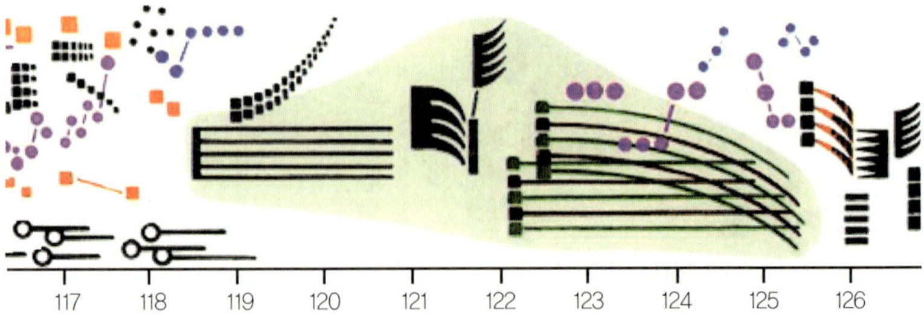

Artikulation의 악보, 리게티Gyorgy Ligeti

이것은 음악이 아니라 수학이라고 경악하기에 이른다. 그러나 이러한 놀라움도 벌써 60여 년이나 지난 오래된 이야기다. 어느 시대에나 새로운 음악이 출현했을 때, 작곡가와 연주자 그리고 청중 사이의 오해는 늘 존재해왔다. 그러나 현대음악이라 총칭되는 요즘의 전위적인 음악들은 그 괴리감을 짧은 시간 안에 급속도로 확산시키고 있는 듯하다.

크세나키스는 쇤베르크 이후 여러 사상으로 몹시 혼란을 초래한 현대음악에 집합이론과 확률론 등 수학의 제반이론을 통해 새로운 가능성을 열어준 음악가다. 수학이라는 의미만 놓고 본다면, 12음기법이나 전음렬주의와 같이 생각할 수도 있으나, 크세나키스의 음악은 단순한 수의 조합이나 수학 우선주의가 아니다. 그에게 수학은 작곡과정에서 계산을 쉽게 하기 위한 도구로서만 사용된다는 점에서 음렬주의 음악과는 확연히 구별된다. 크세나키스와 함께 메시앙의 제자였던 불레즈나 쉬톡하우젠 등이 음열주의를 추구할 때, 그는 여기에 동참하지 않고 새로운 방향을 모색한다. 앞에서도 잠시 언급했지만, 폭넓은 수학의 개념과 법칙들을 총망라한 이른바 '추계음악推定統計學的音樂,

Music Stochastics' 을 탄생시킨 것이다.

"악기에 의해 구체화되는 음의 평균화를 위해서는 당연히 확률개념의 도입이 필요하다. 이런 결과로 나는 1954년에 '추정 통계학적음악' 이라고 이름붙인 비非결정론의 원칙에 의한 음악을 만들었다. 이 음악의 작곡과정에는 확률계산의 법칙이 필연적으로 도입되었다". 추계음악 이후 그의 음악은 기호음악Music symbolic, 논리학적 음악Music logic 등으로 그 이름을 달리 했지만, 근본적으로는 같은 맥락의 음악이라 할 수 있다.

크세나키스는 체계적으로 컴퓨터를 작곡에 이용한 최초의 음악가다. 컴퓨터에 수학의 법칙이나 그 밖의 데이터를 입력하여 전환시킨 뒤 전자악보로 출력한다. 그러나 그의 음악은 완전히 컴퓨터의 계산에만 의존하는 요즘의 컴퓨터 음악과는 다르며, 작곡상 필요한 과정만 컴퓨터에 맡기고, 악기의 사용이나 곡의 구성은 그대로 전통을 따르고 있다. 그에게 수학과 컴퓨터는 수단일 뿐이지 음악 그 자체는 아닌 것이다. 크세나키스는 과학적이고, 수학적이며, 논리적인 전통적 그리스의 사고법을 소유한 음악가다. 2500여 년 전, 피타고라스에 의해 만들어진 음악과 수학간의 연결고리가 크세나키스에 의해 다시 재정립된 것이다.

과거부터 수와 음악은 끈끈한 유대감을 계속 증진시키면서 지금까지 이어져 오고 있으며, 지금의 음악가들은 어느 시대보다 더 깊이 수에 밀착되어 있는 것 같다. 많은 전문용어를 만들어내 '수학의 아담' 으로 불리는 수학자 실베스터James Joseph Sylvester는 수학과 음악은 같은 것이라고 말한다. "왜 음악을 감각의 수학으로, 수학을 이

성의 음악으로 표현하려 하지 않는가? 서로의 정신은 같다. 음악가는 수학을 느껴야 하며, 수학자는 음악을 생각해야 한다."

4악장

음악의 음계와 건축의 모듈

음계조직

모듈러

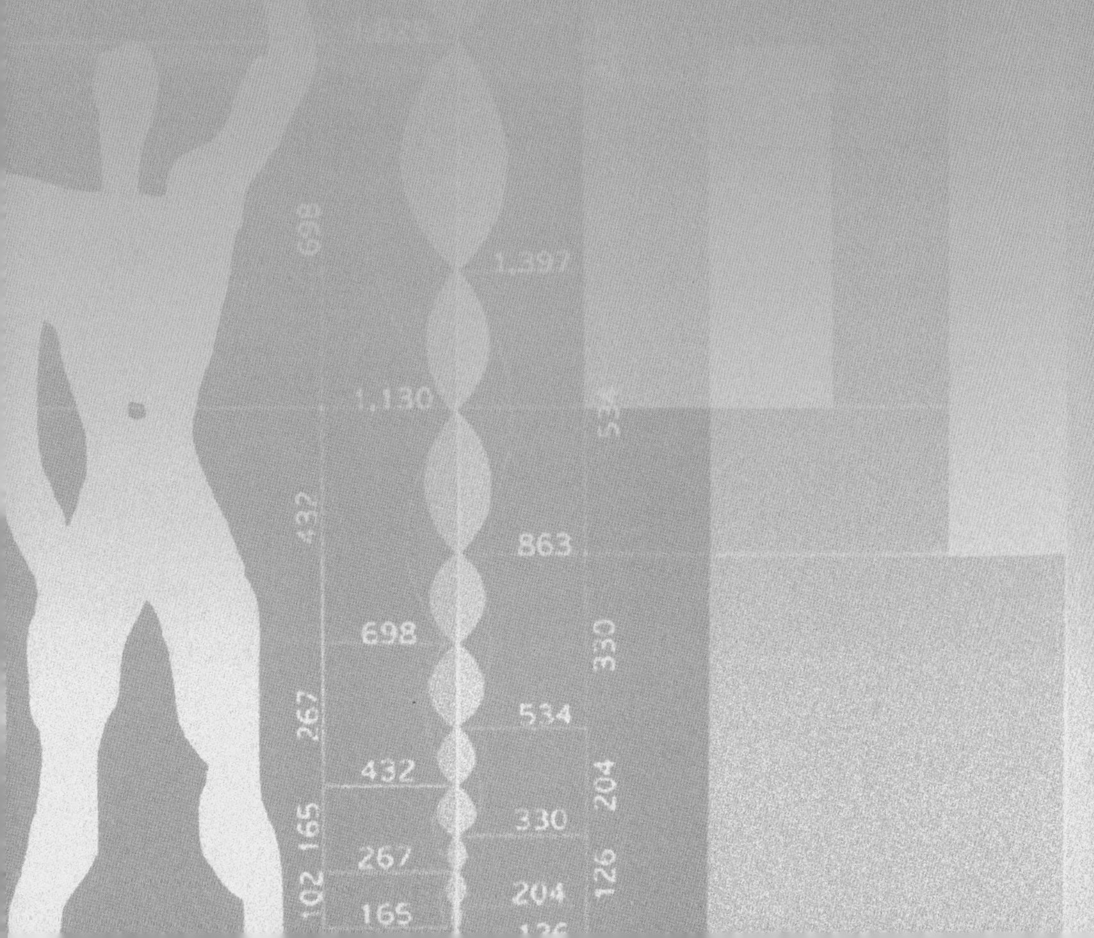

우리는 완벽성의 문제에 맞서기 위해 표준을 설정해야 한다.
파르테논은 표준을 적용한 신중한 선택의 산물이다.
이미 파르테논이 건설되기 한 세기 이전에
그리스에서는 모든 요소를 표준화했다.
건축은 표준에 의해 제어된다.
– Le Corbusier

4악장

음악의 음계와 건축의 모듈

음악의 음계Music scale는 건축의 모듈Module 체계와 같은 것이다. 그것도 표준화가 무척 잘 되어 있는 모듈이다. 음을 비례의 질서에 따라 한 옥타브 안에 정리해 놓은 음계는 음악의 기초적 도구이며 선행약속이다. 아무리 복잡하고 난해한 음악도 음계 위에서 다 만들어진다. 음계가 얼마나 편리한 도구인지 음악인들은 실감하고 있을까? 만약 지금과 같은 음계체계가 없었다면, 작곡가들은 곡을 만들기 전에 음계부터 따로 만드는 2중의 작업을 해야 했을 것이다. 그리고 각양각색의 개인적인 음계로 인해 사용자도 청중들도 혼란스러웠을 것이다. 더없이 조직적이고 체계화된 음계가 보편적이고도 일반화까지 되어 있으니, 음악가들은 건축가들에 비해 행운이 아닐 수 없다.

모듈은 고대 그리스의 모듈러스Modulus에서 나온 말이다. 그 당시 신전건축에서 기둥의 굵기를 1모듈러스로 하여 다른 부분과 치수의 비례를 이루도록 한 것이 기원이 되고 있다. 모듈은 음계와 마찬가지로 건축에서 치수를 다루는 기초적 도구이며, 사전에 약속된 기본적인 단위를 말한다. 설계에서부터 자재생산, 시공과정, 유지관리까지 건축전반에 걸쳐 치수 사용에 질서를 부여하기 위해 기준을 정한 것이다. 이러한 기준치수를 도외시한 건축물은 사용상에서도 불편할 뿐만 아니라 경제적으로도 손실을 가져온다. 건축가들은 모듈에 의해 제작된 건축구성재를 자유롭게 선택하여 건축물을 설계할 수 있어야 한다. 세계적으로, 또 우리나라에서도 공인된 규격을 설계자에게 제공하기 위해 여러 가지 모듈체계를 정해두고 있다.

그러나 현실은? 아직까지도 건축가들은 어떤 모듈을 설정할까부터 고민한다고 해도 과언이 아니다. 또한 모듈을 정했다 하더라도 그것만으로는 충분하지 않다. 모듈을 바탕으로 건축구성재의 치수를 다시 조정하는 모듈치수조정Modular Dimensional Coordination이라는 한 단계를 더 거쳐야 한다. 건축공사장에서 자재들을 현장치수에 맞게 다시 임의대로 잘라서 사용하는 광경을 생각해보면 이해가 쉽겠다. 이는 설계자가 자유로운 창작의도를 표현하기 위해서는 어쩔 수 없는 일이기도 하고, 또 모듈이 건축가들의 구색에 딱 들어맞게 체계화되어 있지 않아서일 수도 있다. 어쨌든 음악으로 말하면 곡을 만들기 전에 각자의 음계부터 먼저 만드는 번거로운 작업을 하고 있는 것이다. 지금보다 호환성이 좋고, 더 다양한 모듈이 준비되어 있다면, 건축의 제반과정은 훨씬 쉽고 편리해질 것이다.

고대 그리스의 피타고라스는 음악적 비례와 시각적 비례가 직접적인 연관성이 있다고 믿었다. 피타고라스적 상호관계인 시각적 조화와 청각적 조화는 중세의 건축가들에 의해 더욱 높은 수준으로 발전되었다. 근대에 들어 르 꼬르뷔지에도 이와 같은 생각을 가졌다. 그는 음악과 건축의 측정방법이 서로 유사하다고 보았으며, 건축의 비례체계가 음악과 같은 방법으로 만들어져야 한다고 생각했다. 그는 이런 관점에서 새로운 비례시스템을 발명하게 되는데, 그것이 '모듈러Le Modulor'다. 모듈러는 이처럼 음악의 비례체계인 음계에 대응하는 건축의 치수체계를 만들려는 시도에서 출발된 것이다. 르 꼬르뷔지에는 50대 후반에 모듈러를 발명하여, 이후의 모든 건축치수를 이 모듈러를 토대로 결정했다.

건축의 특성상, 혹은 개인적인 선호에 의해 여전히 많은 건축가들이 그들 나름대로의 모듈을 사용하고 있다. 르 꼬르뷔지에가 관심을 가졌던 음계조직과 모듈러의 형성과정을 따라가 보면, 각자의 모듈체계를 정립하는 데 어떤 실마리를 찾게 될지도 모를 일이다.

음계조직

음계의 정의

음계音階, Music scale란 말 그대로 음을 높이 순으로 체계적으로 배열한 것을 말한다. 음계는 음정音程, interval에 의해서 결정되는데, 음정은 동시에, 혹은 연이어 울리는 두 음 사이의 간격을 말한다. 예를 들어 C음과 똑같은 C음 사이의 음정은 1도가 된다. 참고로 'CDEFGABC'는 영문식 표기이며, 이탈리아식으로는 '도레미파솔라

시도', 우리 식으로는 '다라마바사가나다'이다. C와 D는 2도, C와 E는 3도, … C와 한 단계 위의 C는 8도가 된다. 이렇게 기준이 되는 음으로부터 8도 위의 음까지를 1옥타브라고 부른다. 이 C음을 으뜸음으로 하는 조를 장조일 경우엔 C장조, 단조일 경우엔 c단조라고 한다.

학창시절 음악시간에 1, 4, 5, 8도는 완전完全음정, 2, 3, 6, 7도는 장長음정이라고 배웠던 기억이 날 것이다. 완전음정은 이름에서도 알 수 있듯이 완벽하게 조화되는 음정을 말한다. 고대부터 지금까지의 음계의 발달과정은 어쩌면 이 완전한 소리를 만들어가는 여정이라고 할 수 있다.

피타고라스 음계

음정이 수치적인 비례로 이루어져 있다는 것을 발견한 최초의 사람은 피타고라스다. 그는 이를 토대로 음계조직을 만들었는데, 그것이 피타고라스 음계pythagorean scale다. 때로 우리를 감동시키는 아름다운 음악을 접하게 되면, 최초로 음계를 만들어준 피타고라스에게 감사해야 할 일이다. 피타고라스 음계는 이후에 만들어지는 순정률純正律, 평균율平均律과 함께 음악에서 중요하게 취급되고 있는 음계다. 음계 얘기에 들어가기 전에 피타고라스에 대해 잠시 살펴보자.

잘 알다시피 피타고라스는 철학자이자 수학자, 천문학자, 음악가, 종교가이기도 했다. 그의 생애는 워낙 신화적이고 베일에 싸여 있어 분명치 않은 점이 많으나, 역사에 의하면 그는 기원전 6세기경 그리스의 사모스라는 섬에서 태어났다. 젊은 시절에는 장기간에 걸쳐 이집트, 바빌로니아 등지를 두루 여행했다고 하는데, 심지어는 인도와 영국까지 여행했다는 기록도 있다. 이 여행에서 많은 공부를 하고 왔으니, 여행이라기보다는 유학이라고 하는 편이 맞을 것 같다. 그는 이 시기를 통해 천문학, 기하학, 수학, 음악, 신학에 대한 방대한 지식을 습득하게 된다.

여행을 마치고 그리스로 돌아온 피타고라스는 크로톤Croton이란 곳에 학교를 세운다. 수학, 음악, 천문학 분야에서 지대한 업적을 남긴 피타고라스학파, 혹은 크로톤학파의 탄생이다. 그러나 이곳은 학교라기보다는 비밀종교단체의 성격이 더 강했던 것 같다. 그들은 금욕, 극기, 절제, 순결을 미덕으로 삼았으며, 학생들은 비밀집회를 통해 수학을 비롯한 피타고라스 지식의 정수를 전수받는다. 그들이 수행한 학문의 연구도 그 목적이 학문 자체에 있는 것이 아니라 교의敎義를 추구하기 위한 보조적인 수단이었던 것으로 보인다.

피타고라스학파는 당시에 성행했던 오르페우스Orpheus교의 교의를 일부 받아들여 영혼불멸, 윤회, 사후세계 등을 믿었다고 전해진다. 오르페우스가 누구던가? 그리스 신화에 나오는 최고의 명가수이자 명연주가이며, 아름다운 리라Lyra 연주로 지옥의 신 하데스를 감동시켜 죽은 아내 에우리디케를 소생시킨 이야기의 주인공이다. 신화 속의 음악을 종교에 투영시킨 것을 보면, 당시의 그리스인들에게 음악은 신과 접촉할 수 있는 가장 가까운 영역이었나 보다. 피타고라스는 오르페우스교 의식儀式의 주축이었던 음악을 불변의 진리인 수로 환원시켰다.

그는 어느 날 대장간 앞을 지나다 대장장이가 쇠를 치는 소리를 듣게 된다. 그 소리가 참으로 울림이 좋아 달려가 보니, 두 사람의 대장장이가 서로 다른 망치로 쇠를 두들기고 있었단다. 두 개의 소리가 각기 다른 음을 내면서도 조화롭게 울리고 있었던 것이다. 소리가 공기의 진동수(주파수)의 비율과 깊은 연관이 있음을 깨닫게 된 피타고라스는 당시에 사용되던 그리스의 하프로 이것을 시험해보게 된다.

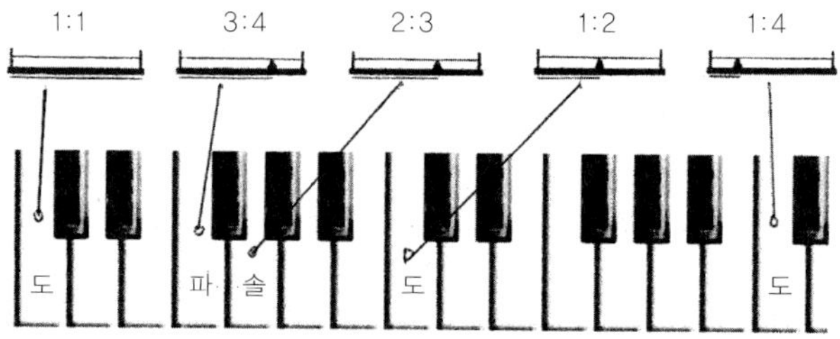

피타고라스의 음정산출 원리

먼저 하프의 줄을 한 번 튕겨보고, 다시 반으로 줄여서 튕겨보았다. 그랬더니 원래의 음보다 한 옥타브 높은 소리가 나는 것이다. 이는 줄의 길이가 반으로 줄면서 주파수가 그의 역수인 2배로 늘어나서 생기는 물리적 현상이다. 또 반대로 줄의 길이를 2배로 늘리면, 한 옥타브 낮은 소리를 얻게 된다는 것도 알게 되었다. 이번에는 2/3로 줄였더니 처음 음보다 5도 높은 음이 나오는 게 아닌가. 게다가 이 두 음은 서로 조화를 잘 이룬다는 사실도 알아냈다. 그는 이렇게 얻어진 완전

C(도)	D(레)	E(미)	F(파)	G(솔)	A(라)	B(시)	C(도)
1	9/8	81/64	4/3	3/2	27/16	243/128	2

피타고라스 음계의 각 음(音)의 진동수

C-------D-------E-------F-------G-------A------B------C

C–D	D–E	E–F	F–G	G–A	A–B	B–C
9/8	9/8	256/243	9/8	9/8	9/8	256/243

피타고라스 음계의 각 음 간(間)의 진동수비율

5도를 계속 쌓아 올려 다른 음정들도 산출해냈다.

피타고라스는 이 실험에서 아름다운 소리는 일정한 비율을 지니고 있으며, 그 비율이 1:2, 2:3, 3:4와 같이 간단한 정수비가 될 때 좋은 화음이 생겨난다는 것을 발견했다. 그는 이 음들을 한 옥타브 안에 정리하여 음계조직을 만들었다. 피타고라스 음계의 각 음간의 거리는 9/8의 정수비를 가진 온음정과 256/243의 비를 가진 반半음정으로 나누어져 있다. 이것이 오늘날 우리가 사용하고 있는 7음계의 토대가 되는 피타고라스 음계다. 물론 그 당시에는 '도레미파솔라시도'라는 이름은 아니었고, 악보도 지금과는 달랐다. '도레미'하는 명칭은 11세기 이탈리아의 수도사이자 음악 교사였던 귀도 다레쪼Guido d' Arezzo에 의해 만들어진 것이다. 다레쪼는 음을 외우기 쉽게 하기 위해 그가 가르치던 찬송가의 앞 음절을 따서 이 명칭을 만들었다. 지금 우리가 쓰고 있는 악보도 그 동안 많은 작업을 거쳐 17세기에 이르러서야 완성되었다. 음악이 통역이 필요 없는 세계 만국어가 될 수 있었던 것은 이러한 표준화 작업이 꾸준하게 이루어져 온 때문일 것이다.

순정률

피타고라스도 밝혔지만 인간이 아름다움을 느끼는 소리는 그것들이 정수비를 갖추고 있을 때라고 한다. 두 음 이상이 같이 울릴 때, 주파수의 비례가 정수로 남김없이 딱 나누어지면, 우리의 귀는 특별히 아름답게 느낀다는 것이다. 그러나 이런 부분에서 기존의 피타고라스 음계는 단점이 있었다. 어떤 음정은 가장 깨끗한 소리를 들려주지만, 어떤 음정들은 완전한 정수비가 나오지 않아 불안정했기 때문이다.

세월이 한참 흐른 뒤 이탈리아의 짜를리노C. Zarlino, 1517~1590는 피타고라스 음계의 대안으로 순정음純正音을 제시했다. 그는 피타고라스와는 달리 옥타브 내의 음들을 완전한 정수비가 되게 주파수를 결정했다. 이로써 새로운 음계조직인 순정률Pure Temperament이 탄생하게 된 것이다. 순정률은 옥타브 내의 각 음들이 가장 어울림이 좋은 순정 5도(진동비 3/2)와 순정 장3도(진동비 5/4)의 결합에 의해서만 이루어진다. 동일한 음의 진동수가 순정률과 피타고라스 음계에서 어떤 차이를 보이는지 비교해보자.

	C	D	E	F	G	A	B	C
피타고라스	1	9/8	81/64	4/3	3/2	27/16	243/128	2
순정률	1	9/8	5/4	3/4	3/2	5/3	15/8	2

피타고라스 음계와 순정률의 진동수 비교

한 음을 예로 들면, 피타고라스 음계에서 E의 진동수가 81/64이던 것이 순정률에서는 5/4가 된다. 이 양자의 차이를 씬토닉 콤마Syntonic comma라고 하며, 그 차이를 계산하면 81/64:5/4=81:80이 된다. 즉, C음과 E음이 같이 울렸을 때, 순정률보다 피타고라스의 음정이 조금 더 높게 들리는 것이다. 이번엔 각 음의 진동수에 의한 비율을 비교해보자.

	C------D	D------E	E------F	F------G	G------A	A-----B	B-----Ca
피타고라스	9/8	9/8	256/243	9/8	9/8	9/8	256/243
순정률	9/8	10/9	16/15	9/8	10/9	9/8	16/15

피타고라스 음계와 순정률의 각 음 간(間)의 진동수 비율 비교

위와 같이 순정률의 음은 피타고라스의 음에 비해 간단한 정수비를 가지며, 이로 인해 사람의 귀에 아주 편안하고 조화롭게 들린다. 그러나 순정률에도 단점이 있었다. 9/8와 10/9이라는 두 가지 온음이 발생하고, 또 조를 옮기면 화음이 틀어지게 되어 조옮김이 불가능했던 것이다. 조옮김이 안 되니 기본음이 바뀌면 다시 조율해야 하는 불편함이 생겨, 실제 연주에서는 곤란한 점이 많았다. 이는 자체조율이 가능한 현악기나 사람의 목소리는 별 문제가 되지 않았으나, 이후 출현하게 되는 건반악기에는 치명적인 단점이 아닐 수 없었다. 오르간이나 피아노처럼 음이 고정되어 있는 건반악기는 연주 시에 음높이를 즉시 바꿀 수 있는 악기가 아니기 때문이다.

순정률을 사용하여 건반악기에서 조옮김이 가능하려면 옥타브 내에 많은 음을 나열해야만 한다. 한 옥타브 내의 음이 12개가 아니라 53개가 되어야 이 문제를 해결할 수 있다고 한다. 피아노가 7옥타브 정도이니 370개가 넘는 건반이 필요하다는 말이다. 사실 실용성이 떨어지는 음계인 것이다. 이러한 단점에도 불구하고 순정률은 중세의 교회음악이나 17, 18세기의 바이올린 음악 등에서 자주 사용되어졌으며, 어떤 이들은 순정률의 실용적인 사용을 위해 특별한 악기를 제작하기도 했다고 한다.

평균율

17세기 즈음 드디어 건반악기가 출현하자, 순정률에서 생기는 많은 파생음派生音들을 단순화시켜야 할 필요성이 생겼다. 어떻게 하면 건반악기를 잘 조율할 수 있을까 하는 문제가 심각하게 대두되었다. 이런 필요에 의해 순정음정들을 적당히 가감加減하게 되는데, 이 가감된 음률의 종류를 통틀어 평균율Equal Temperament이라 부른다.

평균율을 고안한 사람은 1700년경 독일의 오르간 연주자였던 베르크마이스터Andreas Werckmeister로 알려져 있다. 그러나 평균율에 대한 언급은 이에 앞서 16세기 초부터 있어 왔다. 독일의 음악가 슐리크A. Schlick는 자신의 저서 〈Spiegel der Organisten, 1511〉에서 불안한 음정인 3도 화음을 개선하기 위해 5도를 적절히 좁힌 것에 대해 기록하고 있다. 아론P. Aron의 〈고향인 토스카나에 바치는 음악이론, 1523〉에도 음의 가감법에 대한 구체적인 수법이 적혀 있다. 또한 중국 명나라 때의 주재육朱載堉이라는 음악이론가가 1580년경 평균율을 만들었다는 기록도 전해진다.

평균율은 음의 가감방법에 따라 '등분等分평균율'과 '불평등평균율'로 나뉜다. 등분평균율은 말처럼 옥타브를 정해진 수로 등분하여 각각의 음정에 적당한 값을 주는 방식이다. 불평등평균율은 순정률을 부분적으로 수정한 것으로, 기준이 되는 음정이 2종류 이상인 것을 말한다. 이 중 우리가 흔히 부르는 평균율은 등분평균율이다.

등분평균율의 종류에는 6, 7, 9, 10, 12, 17, 19, 22, 24, 25, 28, 29, 31, 34, 36, 41, 43, 50, 51, 53, … 360등분평균율이 있다. 이론적으로는 53등분 평균율이 순정률에 가장 가까운 음정을 구사하지만, 가장 합리적인 것은 12등분 평균율이다. 이것은 간단히 말해 한 옥타브를 1/12로 균등 분할한 것으로 현재 우리가 사용하는 피아노는 이 12평균율에 의해 조율되고 있다.

한 옥타브 내의 음을 12등분하는 방법에는 두 가지가 있다. 첫 번째는 C음에서 5도씩 위로 계속 쌓아가는 방법으로, 이렇게 하면 12번을 쌓아서 나오는 B#은 C보다 약간 높아진다. 이 차이(74/73)를 피타고라스 콤마Pythagoras comma라고 부른다. 두 번째 방법은 장3도씩 계속 쌓아가는 방법으로 이렇게 해서 나오는 B#은 C보다 약간 낮아지게 된다. 이 차이(128/125)를 작은 디에시스Kleine diesis라고 한다. 12평균율은 이 두 가지의 근소한 차이를 각 5도와 3도에 골고루 배분해 모든 온음과 반음이 같은 폭을 가지게 하는 것이다. 이렇게 12평균율이 완성됨으로써 모든 조調가 순환할 수 있게 되었으며, 여러 조성의 음악을 하나의 건반악기에서 자유롭게 연주할 수 있게 되었다.

평균율을 세상에 널리 알린 사람은 바흐다. 바흐는 1722년과

1744년, 각 24개의 전주곡과 푸가로 이루어진 2권의 연주곡집을 〈바흐의 평균율 클라비어곡집The Well Tempered Clavier Book〉이라 이름 붙여 세상에 내 놓았다. 바흐가 어떤 방식의 평균율을 염두에 두고 이 책을 만들었는지는 확실치 않다. 다만 책의 제목에서 알 수 있듯이 평균율의 효율성을 입증하기 위한 것으로, 평균율로 조율한 건반악기를 위한 모음곡 정도로 해석하면 되겠다. 바흐의 평균율 곡들은 현재도 연주자들의 고정 레퍼토리로서 자리를 굳건히 하고 있다. 전설의 첼리스트 카잘스Pablo Casals는 일생동안 매일 아침마다 바흐의 평균율 두 곡을 연주했다고 한다. 그는 모든 음악을 사랑하지만 바흐가 아닌 다른 작곡가의 음악으로 하루를 시작할 수는 없었다고 말한다. 바흐의 음악은 가장 위대하고 가장 순수한 음악이기 때문에….

평균율은 편리하고 실용적이라는 이유로 지금까지 별 무리 없이 사용되고 있으나, 사실 순정률에 비해 소리가 썩 좋지는 않다. 같은 곡을 순정률로 연주할 때와 평균율로 연주할 때, 화음이 주는 느낌이 사뭇 다르다. 이런 점 때문에 앞으로 언제까지 12평균율이 쓰일지는 알 수 없으며, 또 누군가에 의해 더 나은 체계의 음계가 탄생할 지도 모를 일이다.

모듈러

모듈러의 탄생배경

르 꼬르뷔지에는 전문적으로 음악을 공부한 것은 아니지만, 그의 어머니는 피아니스트이자 음악교사였고 그의 형은 작곡가였다. 자연스럽게 조성되어진 이러한 성장배경은 그가 음악적인 사고를 가지게 된 중요한 요인으로 작용하고 있다. 그는 유년시절부터 음악이 만들어지는 방법에 관심을 가졌으며, 이는 후일 모듈러 제작의 기초가 되고 있다.

르 꼬르뷔지에는 생애 전반을 통해 건축설계와 이론연구를 병행하며, 자신만의 확고한 건축세계를 구축했다. 그가 연구한 것은 건축물의 대량생산을 위한 기본 골조인 도미노Domino 시스템과 근대건축의 5원칙, 규준선規準線, Regulating line 등이다. 그는 이 중 규준선을 발전시켜 새로운 비례체계를 만들게 되는데, 그것이 모듈러다.

르 꼬르뷔지에는 피타고라스와 마찬가지로 인간은 질서를 통해 우주와 함께 조화할 수 있으며, 생명력을 얻을 수 있다고 생각했다. 그는 조화로운 이상향, 즉 우주와 자연과 인간의 조화는 수數를 통한 비례에 의해 이루어진다고 생각했으며, 현대에 보편적으로 적용할 수 있는 질서를 찾고자 역사적으로 측정체계를 고찰했다. 결국 음악의 비례체계에 관심을 가지게 되었고, 피타고라스의 음계와 평균율을 분석하게 된다. 그리고 건축과 음악의 비례가 똑같이 수의 힘에 의해 지배된다는 사실을 발견했다.

"건축물에 조화, 미소, 우아함과 고귀함을 주는 것은 비례다. 피타고라스가 이 문제를 풀었다! 확실성과 변화를 아우르는 두 가지의 근원을 결부시킴으로써, 즉 한편에 인간의 귀를, 다른 한편에는 우주의 딸인 수를 취하면서. 음악과 건축과 수학은 위대한 법칙인 비례의 조화로 더 큰 호소력을 가진다."

르 꼬르뷔지에는 건축의 비례체계는 아직 음악이 도달하고 있는 단계에 이르지 못했다고 보았다. 그는 건축에도 음계와 같은 비례체계가 있다면 유용할 것이라 생각하며, 먼저 회화와 조각의 비례부터 분석하게 된다. 그 결과 그가 찾아낸 것은 황금비와 규준선이었다.

모듈러의 형성과정

황금비와 규준선은 르 꼬르뷔지에의 건축 전반기에 활용된 비례법칙들이다. 그는 "황금비는 비례의 어머니며, 규준선은 건축의 통일성을 위한 필수요소다"라고 말한다. 그러나 규준선은 그가 바라던 완전한 비례체계는 아니었다. 그것은 단지 완성된 건물의 비례를 검증하는 것으로, 건축물에 단순한 균형감을 주는 차원에 머물 뿐이었다. 그는 이러한 필요에 의해 규준선과 황금분할의 원리를 바탕으로 새로운 비례체계인 '비례격자Grid of Proportions'를 발명하기에 이른다.

르 꼬르뷔지에는 자신이 발명한 이 비례격자가 더 나은 도구가 되기를 희망했다. 건축의 다양한 요소들을 조화롭게 결합시켜 줄 것으로 기대했으며, 나아가서는 전 국가에 적용되어 기술자, 과학자, 건축가 등 누구나 비례격자의 가치를 알 수 있을 것이라 생각했다. 그는 이것을 사업화하기 위해 발명특허를 신청했으나, 프랑스 특허국의 이의제

르 꼬르뷔지에가 그려 넣은 노트르담성당의 규준선

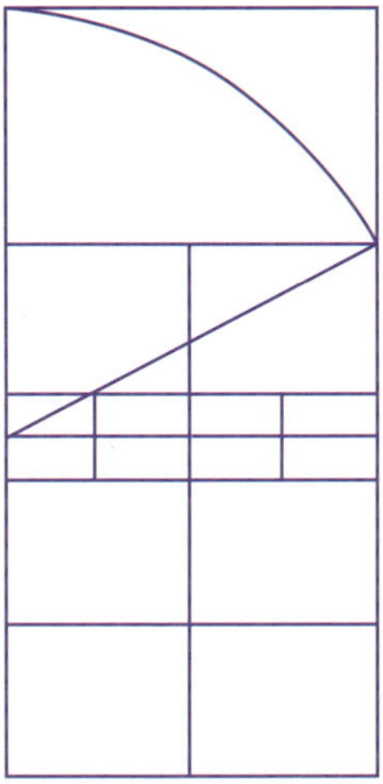

비례격자

기로 결국 비례격자의 사업화는 좌절되고 만다.

이후 그는 비례격자가 0에서 무한대로 움직이는 황금분할의 집합이라는 사실을 발견하고, 이를 토대로 새로운 비례체계인 '비례자 Rógle des proportions'로 발전시킨다. 이때를 기점으로 르 꼬르뷔지에의 비례에 관한 연구는 급물살을 탄다. 1945년, 드디어 175cm의 신장을 가진 인체를 기준으로 하는 0~216cm의 띠자가 만들어졌으며, 비례자에 대한 그의 연구는 계속되었다.

르 꼬르뷔지에는 뉴욕으로 가기 위해 19일간 배를 타고 항해하면서 "내 황금률을 찾아내기 전에는 절대로 이 배를 떠나지 않을 것이다"라고 스스로 다짐한다. 항해 중에 그는 선박의 구조물들이 인체의 각 부위에 꼭 맞게 제작된 것을 발견하게 되는데, 단순하고 명쾌한 비례를 보여주는 이 치수들은 신체 부위의 핵심적인 지점을 정확하게 반영하고 있었다. 그는 항해 중에 연구한 것을 체계적으로 정리하여, 〈모듈러Le Modulor, 1950〉라는 책으로 출판하게 된다. 모듈러의 영역판에는 "A Harmonious Measure to the Human Scale Universally Applicable to Architecture and Mechanics"라는 부제가 달려있다. 즉, 모듈러는 건축과 기계들에 보편적으로 적용할 수 있는 인간적 스케일의 조화로운 체계라고 적고 있다.

르 꼬르뷔지에의 황금률 모듈러

모듈Module을 황금분할Section d' or과 결합시킨 것이 모듈러의 개념이다. 그는 모듈러에 사용될 인체치수로 그 당시 프랑스인의 평균 신장인 175cm를 채택했다. 그리고 이 신장의 사람이 자연스럽게 손을 올리고 있는 전체길이를 각 부분으로 나누었다. 이렇게 해서 모듈러의 기준치수인 108cm(발바닥에서 배꼽까지의 높이), 175cm(발바닥에서 머리끝까지의 높이), 216cm(발바닥에서 올린 손끝까지의 높이)가 만들어졌다.

그는 이 기준치수를 토대로 기본적 기하학 단위인 정사각형과 2중 정사각형을 만들었다. 그리고 여기에 황금분할을 적용하여 무한대의 치수를 산출해냈다. 그 치수들은 적색계열과 청색계열로 나뉘는데, 적색계열은 배꼽까지의 높이인 108cm(정사각형)에서 황금비를 더하는 것이고, 청색계열은 전체치수인 216cm(2중 정사각형)에서 황금비를 빼는 것이다.

그러나 프랑스인을 표준으로 한 최초의 이 모듈러는 유럽에서 일반적으로 사용되고 있던 인치, 피트법과는 맞지 않았다. 그는 프랑스인에 비해 대체적으로 키가 큰 영국인의 표준 신장 '6피트(182.88cm)'를 다시 적용하여 〈모듈러Ⅱ〉를 제작하게 된다. 새로 만들어진 모듈러의 기준치수는 113cm(배꼽), 182.9cm(신장), 226cm(전체)로 변경되었다.

전체길이인 226cm는 이후 르 꼬르뷔지에의 주택건축에서 방의 높이가 된다. 〈모듈러Ⅱ〉에 의해 최종적으로 산출된 세밀한 치수들은 적색계열 6, 9, 15, 24, 39, 63, 102, 165, 267, 432, 698, 1130, 1829, … 청색계열 11, 18, 30, 48, 78, 126, 204, 330, 534, 863, 1397, 2260, … 이다. 적색계열의 수치들은 보는 바와 같이 피보나치 수열로 이루어져 있다.

이렇게 완성된 모듈러의 치수는 피트, 인치체계와도 정확하게 맞아떨어졌다. 르 꼬르뷔지에는 건축자재뿐 아니라, 모듈러로 제작된 공산품들이 전 세계의 모든 인종과 다양한 신장을 가진 사람들에게 사용될 수 있을 것이라 생각했다. 그는 모듈러로 다시 특허를 신청했지만, 이번에도 그의 의도대로 특허를 획득하지는 못했다. 또한 모든 건축가들에 의해 일반적으로 사용되지도 못했다. 하지만 르 꼬르뷔지에에게 모듈러는 자신만의 황금비율이었으며, 그는 죽을 때까지 일반 척도 대신 이 모듈러를 애용했다.

르 꼬르뷔지에의 창조적인 후기작품들은 모두 이 모듈러가 있었기에 가능했다. 대대적인 프랑스 정부의 후원에 힘입어 건설된 마르세유의 유니떼 주거단지Unité d'habitation, 1952는 모듈러의 실험무대이기도 하다. 이 주거단지는 전체 길이가 140M, 높이가 70M나 되는 대형건물임에도 불구하고 사람들에게 친밀감을 준다. 그 이유는 이 건

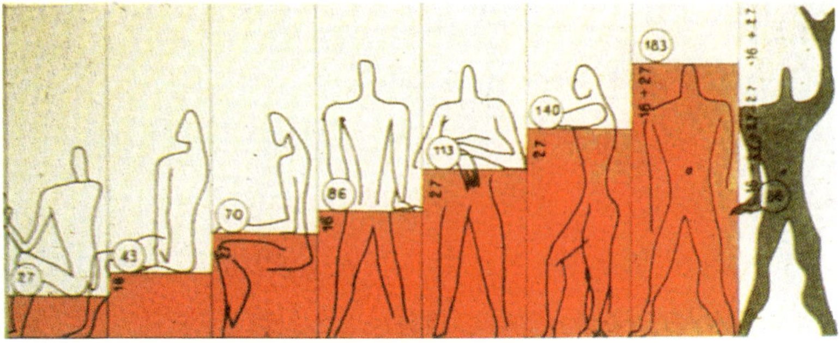

모듈러의 신체부위별 치수

물의 모든 치수가 모듈러에 의거한 인간적인 척도로 조정되어 있기 때문이다. 이후의 롱샹성당, 라 뚜렛 수도원, 샹디갈 행정청사 등에서는 모듈러가 특히 빛을 발하고 있다.

자신의 비례체계를 완결지은 르 꼬르뷔지에는 "모듈러는 사물을 만들어내는 도구다. 정밀기계다. 건반이다. 피아노다. 그것도 조율된 피아노다. 피아노의 조율은 이제 끝났다."라며 환호한다. 그러나 동시대의 사람인 아인슈타인Albert Einstein은 모듈러에 대해 다음과 같이 평했다. "It is Scale That Makes the Good Likely and The Bad Unlikely."

르 꼬르뷔지에의 생각도 이와 같았다. "모듈러는 도구이지, 미를 만들어내는 기계가 아니다. 모든 도구와 같이 그것은 더 좋게 사용될 수도 있고, 더 나쁘게 사용될 수도 있다. 모듈러는 피아노의 건반과 같이 연주자의 개인적인 자유를 방해하지 않으며, 그 연주의 질은 연주자의 자질에 의해 결정된다."

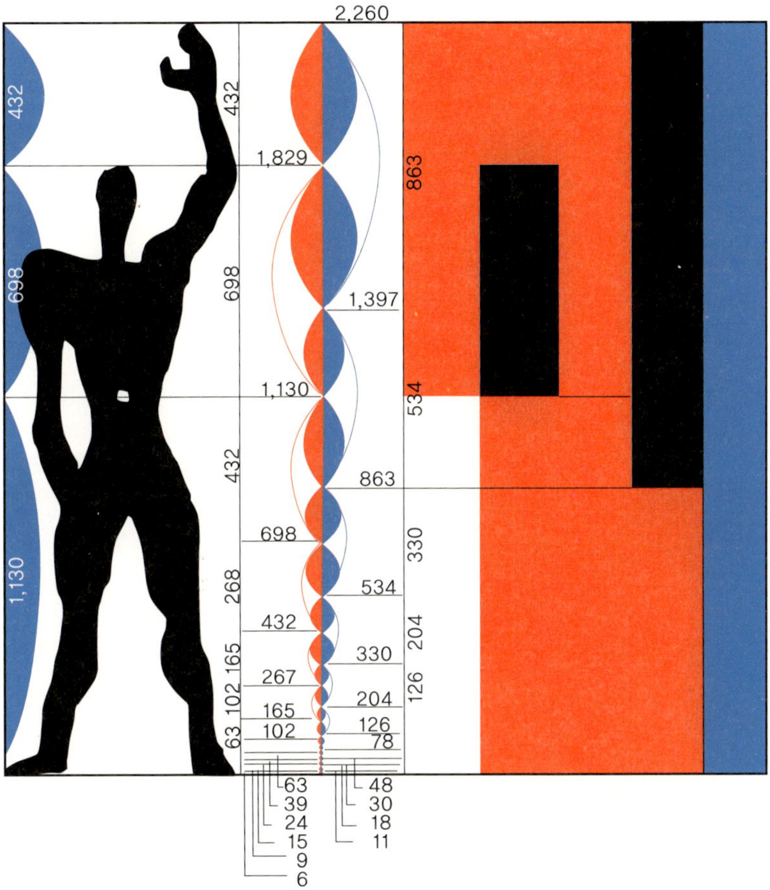
2,260
432
432
1,829
863
698
698
1,397
1,130
1,130
534
1,130
432
863
698
330
268
534
432
204
165
330
267
126
102
204
165
126
63
102
78
63
48
39
30
24
18
15
11
9
6

모듈러 도해(圖解)

5악장

건축과 음악을 구성하는 요소

훌륭한 건축이란,
인생의 굽이굽이 등장하는 갖가지 색을 모두 담아내어
영혼에 내재된 이야기를 들려주는 것이다.
어떤 재료에나 고유한 언어와 시가 담겨 있고,
다른 재료와 나란히 놓게 되면 운율이 바뀐다.
돌, 쇠, 콘크리트, 나무, 유리처럼
말 못하는 물질을 가지고 생각과 감정을 표현하고,
사람 이야기를 들려주고, 역사를 제시해야 한다.
– Daniel Libeskind

5악장

건축과 음악을 구성하는 요소要素

지금까지 여러 가지 사례를 통해서 건축과 음악의 연관성에 대해 살펴보았다. 그렇다면 구체적인 표현방법에 있어서는 어떤 공통점을 가지고 있을까? 우선 큰 테두리로 보면, 건물을 설계하는 과정과 음악을 작곡하는 과정이 유사하다. 짧은 규모의 곡에서부터 큰 규모의 곡에 이르기까지 모든 음악은 일정한 형식에 의해서 구성되어진다. 작곡가는 그 틀 안에서 자신의 예술적 사상과 감정을 다양하게 변화시키고 발전시켜 나간다. 그 구성의 결과로 단순한 형식의 민요나 동요, 혹은 대규모의 교향곡과 같은 악곡이 탄생한다. 건축가도 이와 똑같은 방법으로 설계를 진행하며, 그 계획에 따라 최종 결과물인 건물을 탄생시킨다. 이 장에서는 이 외에도 두 예술의 구성요소들이 어떤 공통점과 유사성을 가지고 있는지에 대해 더욱 세밀하게 알아보고자 한다.

다음 중 음악의 3요소는? 학창시절 누구나 한 번쯤은 접해본 시험

문제일 것이다. 언젠가 TV 매체에 한 개그맨이 나와서 이 질문에 리듬, 에코, 조명이라고 답했다. 그랬더니 옆의 사람이 “그건 노래방 3요소잖아”라고 해서 웃었던 적이 있다. 우리가 맞췄던 정답은 리듬Rhythm, 선율Melody, 화성Harmony이다. 이 세 가지는 음악을 구성하는 가장 중요한 요소들로 음악의 시간 속에서 긴밀하게 연결되어 있다. 리듬을 타고 흘러가는 멜로디를 화성이 받혀주며, 서로 씨줄과 날줄처럼 엮여 나가는 것이다.

그러나 이 세 가지 요소만으로 완전한 음악이 만들어지는 것은 아니다. 하나의 음악작품이 완성되기 위해서는 이 이외에도 많은 다른 요소들이 필요하다. 요즘의 현대음악에서는 공간이나 음향, 심지어는 소음까지도 심심찮게 음악의 요소로 등장하고 있는 것을 보면 이제는 어떤 것이 음악의 요소인지 뚜렷하게 한정지을 수도 없게 되었다. 그것은 그만큼 다양한 요소가 복잡 미묘하게 얽혀 있는 것이 음악이기 때문일 것이다.

이 장에서는 이 많은 음악의 요소들 중에 가장 중요하다고 생각되는 여섯 가지 요소를 추출해, 거기에 건축의 구성요소들을 대입시켜 보려 한다. 여기서 다룰 음악의 요소는 음音, 동기, 멜로디, 리듬, 화성, 음색이다. 음악의 음에 해당하는 건축요소는 점, 동기는 건축적 아이디어, 멜로디는 선, 화성은 공간이다. 건축과 음악에서 리듬은 같이 취급되며, 흔히 음빛깔이라고도 불리는 음색은 건축의 색채 · 재질감 · 명암과 같은 요소다. 물론 이 요소들은 건축의 제諸요소는 아니며, 다만 음악과 비교하기가 용이해 선별한 것이다.

음音과 점点

점, 재료, 빛

음악을 구성하는 가장 기본적 요소인 음音, Tone은 건축의 점Point에 해당한다. 좀 더 포괄적인 의미에서는 재료와 빛에도 비유할 수 있다. 음은 음악의 최소단위다. 몇 개의 음이 모여 동기Motive가 되고, 동기가 발전해 작은악절Phrase이 되며, 작은악절 두 개가 모여 큰악절Period이 된다. 8마디로 이루어진 큰악절은 제일 작은 완성된 형식으로, 이 하나만으로도 곡이 만들어지기도 한다. 단순한 형식의 동요나 민요 중에는 큰악절 하나로 되어있는 것들도 많다. 그러나 교향곡과 같은 대규모 곡에서는 다음 단계인 악장Movement 으로, 또 이 악장들이 모여 하나의 완성된 곡으로 발전하게 된다. 음에서부터 시작해서 곡이 완성되기까지의 과정을 정리하면 음 → 동기 → 작은악절 → 큰악절 → 악장 → 악곡 순이다.

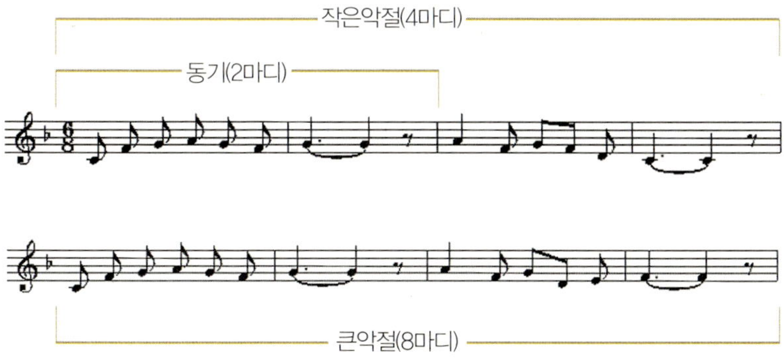

곡의 초기형성과정

점은 건축뿐 아니라, 모든 조형예술의 가장 기본적인 구성요소이며, 음과 마찬가지로 가장 작은 단위다. 형태를 이루는 최소단위로서의 점이 건축물로 발전하는 과정도 음악과 동일하다. 차원이 없는 점이 연속적으로 움직이면, 1차원 요소인 선Line이 된다. 선이 확장되어 2차원 요소인 면Plane이 되고, 면이 공간Space과 결합하면 3차원 요소인 입체Form가 된다. 그리고 이 부분적인 입체들이 모여 결국 하나의 완성된 건물이 된다. 점이 건물로 발전하는 과정은 점 → 선 → 면 → 공간 → 입체 → 건물이다.

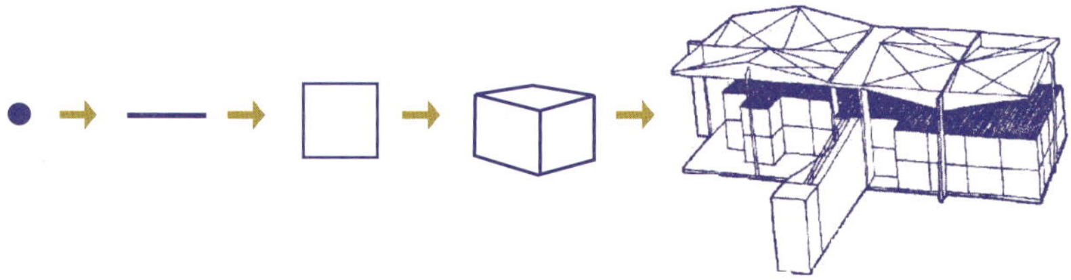

건물의 형성과정

음악은 음을 재료로 하는 음들의 집합체다. 건축은 점의 집합이며, 또한 벽돌이나 콘크리트와 같은 재료의 집합체이기도 하다. 이런 면에서 보면, 음은 건축의 재료와도 동일한 요소라고 할 수 있다. 건축에서 점은 시각적인 형태로 직접 표현되기도 한다. 이때의 점은 단순한 점의 모양이 아니라 다양한 형태, 다양한 크기를 취한다. 창문이나 개구부, 돔형지붕과 같은 구성단위가 건물 속에서 점으로 보이기도 하고, 특정 모양의 재료나 빛이 점으로 인지되기도 한다. 멀리서 보면 건

점으로 보이는 창, Turning Torso, 스웨덴, 칼라트라바

재료와 빛의 점

축물 자체가 주위의 배경 속에서 하나의 점으로 보이기도 한다.

음악에서는 몇 개의 음이 모여 특정한 음형이나 리듬을 만들고, 그것들이 흘러가는 음악 속에서 점처럼 툭툭 튀어나온다. 음들이 뭉쳐 다니면서 무수한 점을 만들기도 하고, 하나씩 떨어져 홀로 두드러져 보이기도 한다.

건축에서 점은 어떤 것을 강조하는 역할도 한다. 음악에서 음의 역할도 이와 다르지 않은데, 때로 힘이 응축된 한 점이 되어 어떤 부분을 강조하는 데 쓰인다. 그 힘이 지나치게 강하다보면, 간혹 음악회에서 졸고 있는 청중들을 깨우기도 한다. 또한 점은 어떤 부분과 다른 부분을 구분 짓는 역할도 한다. 이와 마찬가지로 음도 그 길이나 높이를 달리해 음악 속에서 영역을 구분하는 역할을 한다. 보통 한 악장에서 다른 악장으로 넘어갈 때, 음이 길게 늘어지거나 높이가 달라지면서 끝나는 것을 생각하면 이해가 쉽겠다. 음악을 잘 모르는 사람들도 이 부분에 이르면, 끝날 때가 된 것을 알아차린다.

방향성을 나타내는 점의 추상적인 기능

점은 건축에서 방향성을 나타내는 데 효과적으로 사용된다. 방향을 암시하는 추상적인 점의 가장 큰 특징은 사람들의 시선을 집중시키는 것이다. 어떠한 형태도 없이 가시적으로 방향만 지시하지만, 거기에는 강렬한 상징성이 함축되어 있다. 이런 특징을 잘 보여주는 것이 바로 점 지향적點指向的 건축과 소실점이다.

오벨리스크, 탑, 교회의 첨탑 등은 대표적인 점 지향적 건축이다. 이들은 수직으로 급격하게 시선을 끌어올린다. 피라미드나 건물의 삼각지붕은 사선으로, 어떤 건물은 긴장된 곡선으로 위기감을 형성하며 정점頂點, climax까지 시선을 유도한다. 점 지향적 건축은 음악에서 긴장과 흥분이 최고조에 이른 단계인 클라이맥스와도 같다. 모든 곡은 클라이맥스를 가지며, 음악의 시간적인 진행은 사실 그 한 점을 향해 나아가는 것이라고 할 수 있다. 점의 방향성과 같이 음도 방향성을 가지며, 최초의 정점을 향해 달려간다. 거기에 도달하면, 다시 그 다음의 정점으로 향한다. 건축의 수직선처럼 급격하게 클라이맥스에 도달하는 음악이 있는가 하면, 완만한 사선이나 곡선을 그리면서 느릿하게 도달하는 음악도 있다.

베를린 필하모니 콘서트홀, 한스 샤로운, 1963

쇼팽의 강아지 왈츠는 강아지가 빙글빙글 돌다 깡충 뛰어 오르는 장면을 잘 묘사한 작품이다. 이 곡의 첫 부분은 한 음에서 시작해서 클라이맥스에 이르는 진행과정을 짧지만 명쾌하게 보여주고 있다. 처음에 똑같은 음형이 몇 차례 반복되면서 약하게 뜸을 들인다. 그리고 점점 크게 연주하라는 악상기호인 크레센도Crescendo와 함께 왼 손의 화음이 합세해서 강도를 높여나간다. 그러다 어느 순간 짧고 강하게 상승해 클라이맥스에 도달한다.

점 지향적 건축이 하나의 점을 향하는 것이라면, 소실점은 말 그대로 한 점이 되어 사라지는 것이다. 이는 원근법을 사용한 르네상스의 회화에서 주로 쓰이던 기법으로 역시 방향성을 지시한다. 레오나르도 다빈치의 최후의 만찬은 원근법으로 너무나 유명한 그림이다. 그림을 보고 있는 감상자의 시선은 소실점을 향해 강하게 빨려 들어간 후

강아지 왈츠의 도입부, 쇼팽

그림 뒤로 사라지고 만다. 건축공간에서 발생하는 소실점은 더욱 사실적이다. 그림과는 달리 감상자의 시점과 소실점 사이에 현실감 있는 중심축이 형성되어 연속적으로 전개되는 공간 속에서 더욱 입체적으로 다가오게 되는 것이다.

건축공간의 소실점을 잘 보여주는 작품이 루이스 칸의 대표작 솔크연구소Salk Institute, 1965다. 솔크연구소는 소아마비 백신을 개발한 솔크Jonas Salk 박사가 칸에게 설계를 의뢰해 만들어진 작품으로, 대칭을 이루는 단순하면서도 강렬한 매스가 인상적인 건축물이다. 십여 년 전, 캘리포니아를 여행하던 중에 이 건물을 보기 위해 샌디에고에 들른 적이 있다. 연구소에 도착해서 제일 먼저 눈에 들어온 것은 광장이었다. 태평양을 향해 나란히 서 있는 두 건물 사이의 콘크리트 광

최후의 만찬, 레오나르도 다빈치

종묘의 회랑

장은 아무 장식도 없이 텅 빈 것처럼 보인다. 그런데 자세히 보니 가느다랗고 곧은 한 줄기 수로水路가 광장 중심을 가르면서 바다를 향하고 있었다. 광활하게 펼쳐진 태평양을 향해 한 점으로 사라져가는 그 물줄기를 내 시선도 따라간다. 수로의 끝에 도달하니, 야릇한 아쉬움과 함께 살짝 전율이 인다. 강렬한 햇빛, 쾌청한 하늘, 광활한 바다, 그리고 멋진 건축물이 어우러져 감동적인 장관을 연출하고 있었다. 솔크 연구소는 빛과 침묵의 건축가 루이스 칸의 열정이 빚어낸 '빛과 침묵의 교향곡' 이다.

건축의 소실점은 음악의 패이드 아웃Fade out 기법과 흡사하다. 악상기호로는 '점점 사라지듯이' 라는 뜻의 스모르짠도Smorzando, 혹은 모렌도Morendo로 표기된다. 이 기법을 잘 활용한 음악가가 말러Gustav Mahler다. 말러의 9번 교향곡의 1악장은 마치 이별을 얘기하듯, 슬프고 감상적인 분위기를 풍긴다. 좀 더 길게 끌었으면 하는 여운을 남긴 채 희미하게, 점점 여리게, 꺼져가듯이 음악은 사라져버리고 만다.

솔크연구소, 미국 캘리포니아, 루이스칸

태평양 방면에서 바라본 전경

동기와 건축적 아이디어

음은 음악의 가장 기본적인 요소이긴 하나, 단지 음 하나만으로는 음악의 내용적 소재가 되기에는 불충분하다. 소리로 인지될 수 있는 의미를 가지려면, 최소한의 구성단위가 만들어져야 한다. 이 최소의 구성단위가 바로 동기Motive다. 동기는 대체로 두 마디 정도로 이루어져 있다. 이것은 주제적 요소를 품고 곡의 처음에 등장하기 때문에 귀에 쉽게 들어오는 명확한 멜로디여야 한다. 사람을 만났을 때 첫인상이 좋아야 호감이 가듯이 음악의 동기도 그래야만 감상자가 귀를 기울이게 되는 것이다.

베토벤의 5번 교향곡의 동기가 좋은 예다. 짧은 음 세 개와 긴 음 하나로 이루어진 이 동기는 지극히 간단명료하면서도 작곡가의 의도를 잘 드러내고 있다. 베토벤 자신이 "운명은 이처럼 문을 두드린다"고 말한 후 더욱 유명해졌다고 한다. 실제 음악을 들어보면, 곡의 모든 흐름이 이 동기에서 비롯되고 있다는 느낌을 강하게 받게 된다. 이 동기는 반복, 변형, 축소, 확대, 대조적인 다른 동기와 결합하는 등 여러 형태로 변환되어 곡의 곳곳에서 출현한다. 독자적인 주제가 되어 시작부터 끝까지 곡 전체를 지배하고 있는 것이다. 이와 같이 동기는 음악을 전개시켜 나가는 동력이며, 최초의 악상이며, 압축된 핵심이다. 그래서

작곡가들이 곡을 만들 때 제일 고심하는 부분이 동기이기도 하다.

음악의 동기는 건축의 아이디어Architectural Idea와도 같은 요소다. 건축적 아이디어 역시 주제가 되는 모티브로서, 음악에서와 마찬가지로 명료하게 인지될 수 있는 것이라야 한다. 아이디어는 스쳐가듯이 반짝 떠오를 수도 있고, 장고에 장고를 거듭해서 만들어지기도 한다. 건축가들은 아이디어가 사라지기 전에 얼른 스케치로 옮긴다. 이 스케치를 에스키스Esquisse 혹은 빠르티Parti라고 부른다. 음악의 동기는 건축물의 간결한 개념을 그려 넣은 이 최초의 스케치이기도 하다. 건축설계는 여기서부터 시작된다. 이 모티브는 음악의 동기처럼 같은 패턴으로 반복되어 나타나기도 하고, 또는 변화되면서 발전하기도 한다.

시드니 오페라하우스를 설계한 사람은 덴마크의 건축가 요른 웃존Jörn Utzon이다. 그는 돛을 활짝 펼치고 있는 요트에서 최초의 아이디어를 얻었다고 한다. 웃존은 이 아이디어를 발전시켜 건물을 설계했는데, 완성된 건축물에는 처음의 모티브가 명료하게 드러나 있다.

시드니 오페라하우스의 에스키스

시드니 오페라하우스, 호주 시드니, 1965, 요른 웃존

내가 아는 건축가 한 분은 우연히 증권회사에 들렀다가 아이디어를 얻은 적이 있다고 한다. 주가의 움직임을 나타내는 그래프를 본 순간, 그것을 건축으로 표현해야겠다는 생각에 한 무더기 얻어왔다고 한다. 주식의 그래프에서 어떤 건물의 형태가 탄생하게 될지, 각자의 상

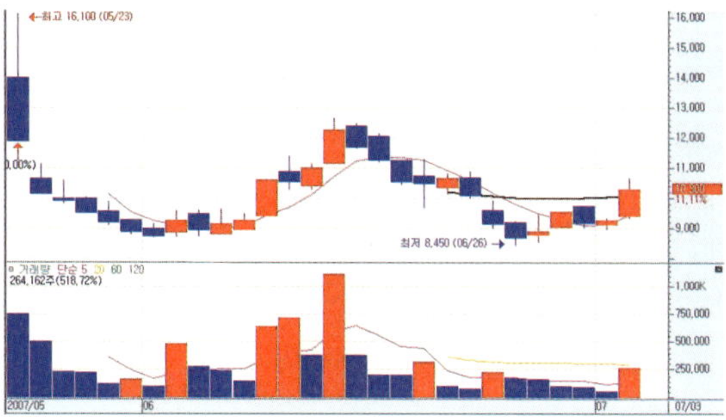

상력으로 한 번 디자인해보자. 이 그래프와 웃존의 요트의 돛이 음악에서는 동기이며, 건축에서는 최초의 발상이다.

한 가지 덧붙이자면, 이 두 경우처럼 어떤 현상을 직접 묘사하는 음악을 '표제음악標題音樂, programme music'이라고 한다. 표제음악은 추상적인 절대음악絕對音樂과 대립되는 개념으로 곡의 내용을 암시하는 제목이나 설명문이 같이 첨부되기도 한다. 계절의 정취를 구체적으로 묘사한 비발디의 사계四季, 베토벤의 전원교향곡, 베를리오즈의 환상교향곡, 드뷔시의 달빛과 바다 등이 대표적인 표제음악들이다. 계절, 달빛, 바다와 같은 모티브들도 건축적 아이디어와 같이 해석할 수 있다.

멜로디와 선

멜로디

멜로디Melody, 旋律란 한 마디로 음의 연속적인 움직임이다. 음악을 수평과 수직차원으로 구분할 수 있는데, 화성이 수직적으로 결합해 흘러가는 것이라면, 멜로디는 높이와 길이가 다른 음들이 수평적으로 배열되어 흘러가는 것을 말한다.

멜로디에는 음의 높이뿐 아니라 음의 길이도 개입되기 때문에 당연히 리듬이란 요소도 포함된다. 물론 장단長短이 없이 높낮이만으로도 된 선율도 있다. 그러나 그것은 마치 피아노 연습곡집 '하논Hanon'과 같이 무미건조한 음의 나열에 지나지 않을 것이다. 단순한 하논의 멜로디에 리듬만 살짝 가미시켜도 전혀 다른 느낌으로 다가온다. 그러므로 멜로디는 음의 고저, 장단, 그리고 잠시 쉬어가는 쉼표까지 포함한 다양한 요소들이 수평적으로 결합해 나가는 상태라고 할 수 있다. 이런 멜로디라야만 비로소 표현력을 가지게 되며, 흘러가는 음악 속에서 주도적인 역할을 하게 된다.

멜로디가 음의 연속이라는 점에서 볼 때, 이는 건축의 선線, Line과 같다. 멜로디는 음이 움직여나간 흔적이고, 선은 점이 움직여나간 흔적이다. 선이 곧게 움직이면 직선이 되고, 휘어지면 곡선이 된다. 음악의 멜로디도 곧고 힘차게 움직이면 직선적인 느낌이 나고, 부드럽고 온화하게 흘러가면 곡선의 느낌이 난다.

수직선

직선은 단순함, 간결함, 명쾌함, 그리고 남성적이고 힘찬 느낌을 주는 선으로 각도의 변화에 따라 수직선, 수평선, 사선 등으로 분류된다. 수직선은 긴장감, 상승, 빠른 속도감을 느끼게 하는 선이다. 말하자면, 성품이 완고하고 강직한 선이다.

수직의 느낌이 강렬한 건축물을 어떤 음악에 비유할 수 있을까? 위풍당당한 행진곡이나 힘차고 장중한 극음악의 서곡들이 여기에 해당된다. 구체적인 곡으로는 베토벤의 제 9번 교향곡 '합창' 중의 '환희의 송가' 나 '에그몬트 서곡Overture To Egmond Op. 84' 이 이런 느낌을 주는 곡이다. 시벨리우스Jean Sibelius의 교향시 '핀란디아Finlandia, Symphonic poem Op.26 No.7' 도 수직의 느낌을 물씬 풍긴다.

에그몬트 서곡은 베토벤이 괴테의 동명연극 에그몬트를 보고 감

현대문학박물관, 독일, 2007, 데이비드 치퍼필드

명 받아 음악화한 작품이다. 이 곡은 16세기 네덜란드가 스페인에 예속되어 있던 당시, 독립운동 지도자였던 에그몬트 백작의 기백과 비운의 삶을 다룬 작품으로 11곡의 베토벤의 서곡 중에서 가장 널리 알려진 곡이다. 마치 조국을 향한 주인공의 불타오르는 애국심을 상징하듯 장대하게 펼쳐지는 이 곡은 적극적인 수직의 느낌을 전해준다.

핀란드의 민족의식과 투쟁의 신념이 저변에 깔린 시벨리우스의 핀란디아는 아주 굵직하게 뻗어나가는 수직선이다. 이 곡은 묵직하고 강한 음색의 금관악기로 시작해 시간이 경과할수록 점차 그 힘을 고조시켜 나간다. 후반에 다다를수록 그 힘은 가히 폭발적으로 고조되어 힘차게 곡을 끝맺는다. 이 곡은 악기의 사용, 선율의 진행, 또 곡이 담고 있는 의미를 포함한 모든 것이 강하고 곧다.

추상적인 소리의 예술인 음악은 듣는 사람의 마음을 움직이는 힘이 있다. 에그몬트 서곡이나 핀란디아처럼 스케일이 크고, 강직한 메시지를 전해주는 음악은 감상자의 심상心象까지 건드린다. 감상자의 마음을 적극적으로 고취시켜, 보다 큰 이상을 추구하고 싶다는 본능을 꿈틀거리게 한다. 마찬가지로 부드럽고 서정적인 선율의 음악을 듣고 있으면 마음도 따라서 유순해진다.

음악에서 수직선은 전체적인 곡의 분위기에서 느껴지기도 하지만, 곡의 진행 속에서 구체적인 기법으로 나타나기도 한다. 건축조형의 수직선과 흡사한 것이 '글리산도Glissando' 기법이다. 글리산도는 높이가 다른 두 음 사이를 미끄러지듯이 연주하는 기법으로 음과 음을 빠르게 연결시킬 때 사용한다.

글리산도는 건축에서 세부적인 형태에 수직선을 사용하는 것과 같은 효과를 준다. 작곡자나 연주자의 의도에 따라 속도의 가감은 있지만 대부분의 가파른 글리산도는 급격히 상승, 하강하는 직선의 느낌을 강하게 풍긴다. 속도를 떨어뜨려 약간 여유롭게 연주하면 사선이나 곡선의 느낌이 나기도 한다.

글리산도의 기보법

피아노에서 글리산도를 연주할 때는 손톱으로 건반 위를 빠르게 훑어 내리거나 올린다. 현악기에서도 현을 짚은 왼손가락을 다른 음으로 미끄러뜨리는 동시에, 오른 손의 활로 빠르게 그어 내려서 연주한다. 그러나 음악은 눈에 보이지 않고, 단지 들을 수밖에 없으므로 글리산도가 어떤 선적인 느낌을 주는지는 그 소리를 직접 들어봐야지만 알 수 있을 것 같다.

집시의 선율을 주제로 한 사라사테Pablo de Sarasate의 '찌고이네르바이젠Zigeunerweisen, 1878' 은 글리산도뿐 아니라 트릴trill, 피치카토pizzicato, 하모닉스harmonics, 도펠그리프Doppelgriff 등 바이올린의 모든 연주기법이 총망라된 곡이다. 대부분의 유명 바이올리니스트들이 한 번씩은 연주했고, 또 우리가 자주 접하기 때문에 대중적인 곡으로 알고 있지만, 사실 이 곡은 난곡 중의 난곡으로 알려져 있다. 어려운 기교로 인해 곡이 만들어질 당시에는 사라사테 자신밖에 연주할 사람이 없었다고 한다. 글을 쓰고 있는 본인도 지금껏 수없이 많이 들어왔지만, 이 곡의 빠른 경과부분Passage을 정확한 음으로 연주한 음악가는 한 번도 본 적이 없다. 아무리 전설적인 연주자 하이페츠Jascha Heifetz라 하더라도 말이다. 어쨌든, 찌고이네르바이젠은 연속적인 3부분으로 되어 있는데, 특히 빠른 템포의 3부에서는 순식간에 직상승하는 글리산도의 맛을 제대로 음미할 수 있다. 여러 번 반복해서 나오는 이 글리산도들은 휘익- 휘익- 지나가면서, 마치 흘러가는 음악의 시간 속에 직선을 긋고 있는 듯하다.

좀 더 독특한 글리산도를 경험하고 싶다면 크세나키스Xenakis의 'ST/4' 나 'ST/10' 이란 곡을 들어봐도 좋을 것 같다. ST는 컴퓨터로 작곡한 '추정통계학적 음악Stochastic' 의 약자로 뒤의 숫자는 연주자의 수를 의미한다. 이 두 곡은 글리산도가 위주가 된 음악으로, 크세나키스는 이 곡들 외에도 많은 곡에서 다양한 빠르기의 글리산도를 구사하고 있다. 그리고 이러한 글리산도를 수학적으로 계산해 건축물에 그대로 적용시키고 있다.

수평선

수평선은 수직선과는 달리 침착함, 고요함, 정지停止 등의 정적인 느낌을 주는 선이다. 무한한 확장감을 나타내는 이 선은 안정되고 평화로운 성품을 지니고 있다.

수평선은 음악에서 길게 끄는 지속음Continuant, 또는 수평적으로 연속되는 선율과도 같다. 건축의 수평선은 시각적으로, 음악의 수평선율은 청각적으로 감지된다는 점이 다를 뿐이다. 흔히 아는 곡으로 수평선의 느낌을 잘 전달해주는 음악이 있다. 바흐의 'G선상의 아리아Air on the G String'와 '구노의 아베마리아Ave Maria'다.

G선상의 아리아는 바이올린의 G선으로만 연주하는 곡이다. 아리아는 아름다운 선율을 지닌 느린 무곡이라는 뜻으로, 단아하고 시정詩情이 넘치는 선율이 낭만적인 곡이다. 이 곡의 첫머리에서부터 등장하는 지속음은 곡 전반에 걸쳐 일관되게 나타난다. 곡 전체를 주도하고 있는 것 같은 이 지속음들은 음악을 시종일관 차분하고 정적인 분위기로 이끌어간다.

구노Charles Francois Gounod의 아베마리아는 종교적이고 경건한 느낌의 곡이지만, 그 분위기는 어둡지 않으며 밝고 평화롭다. 이 곡은 바흐의 평균율 제 1권의 첫 번째 곡인 전주곡Prelude을 반주삼아 그 위에 차분한 멜로디를 붙인 곡으로 바흐의 아리아와 같이 역시 지속음이 위주가 되고 있다. 이 두 곡은 마치 수평선을 바라보고 있는 것처럼 곡이 끝나도 저 너머에서 계속 선율이 이어질 것 같은 여운을 남기는 곡들이다.

정적이고 고요한 수평선의 미를 잘 보여주고 있는 건축이 바로 우리의 건축이다. 그 중에서도 유네스코 세계문화유산으로 등제되어 있는 종묘宗廟는 수평선 건축의 백미로 꼽힌다. 종묘 곳곳에는 곧고 긴 수평선들이 산재해 있다. 길게 한 획을 그어놓은 것 같은 정전正殿은 선이 너무 길어 한눈에 다 들어오지 않을 정도다. 정전 이외에도 지붕선, 용마루, 처마선, 월대月臺, 악공청樂工廳 등, 종묘건축의 모든 것이

수평적으로 연속되는 음

지속음, G선상의 아리아 도입부, 바흐

종묘 정전

수평선으로 이루어져 있다고 해도 과언이 아니다.

종묘의 선적인 아름다움을 바라보고 있으면 누구나 고요하고 침착한 분위기에 감싸인다. 그 공간 안에서 연주되는 종묘제례악의 선율도 건축물에 걸맞게 느릿하면서도 힘차고 장중하다. 종묘를 어떤 단어로 표현하면 좋을까? 단순, 간결, 고요, 절제, 심오深奧, 장엄, 영원…

사선

수평선이 안정적인 선이라면, 사선斜線은 자극적이고 역동적이며 방향성이 강한 선이다. 중력에 저항하는 것 같은 이 기울어진 선은 수직이나 수평으로 향하고자 하는 강렬한 열망을 드러낸다. 말하자면, 욕구불만이 가득한 선이라고나 할까. 사선은 기울어지는 방향에 따라 느낌이 사뭇 다르다. 피라미드의 사선은 시각적으로 안정감을 주지만,

Casa da Musica, 포르투갈, 2005, 렘 쿨하스

그 반대로 위로 점차 벌어지는 사선은 불안정한 느낌을 준다. 피사의 사탑을 볼 때 불안감을 갖게 되는 것은 그 사선이 해결점이 없이 허공으로 무한히 열려있기 때문이다.

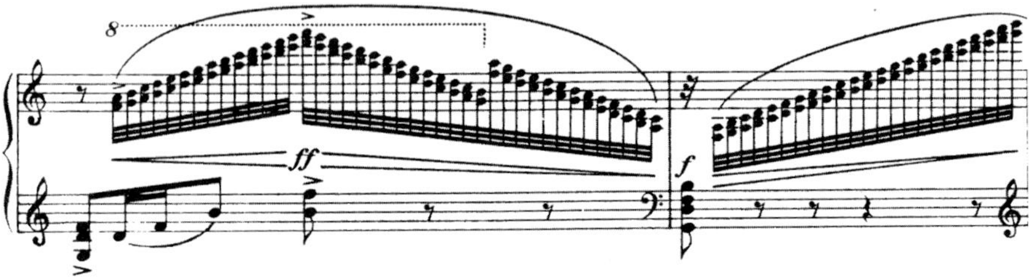

선율의 사선적 움직임, 라벨의 모음곡 '거울' 중 '어릿광대의 아침노래' 일부분

음악에서도 선율의 사선적 진행은 해결점을 찾아가기 위한 행로行路다. 어떤 곡에서는 해결을 시키지 않는 방법으로 의도적인 긴장감을 조성하기도 한다. 누구인지 잘 기억은 나지 않지만, 어떤 음악가가 느닷없이 찾아온 불청객을 쫓아내기 위해 한 가지 묘안을 짜냈다. 그는 피아노로 마지막의 '도'는 남겨둔 채 계속 '도레마피솔라시'만 반복해서 쳤다고 한다. 미와 시는 심리적으로 불안감을 야기시키는 반半음으로 바로 다음 음으로 향하고자 하는 욕구가 특히 강한 음이다. 해결음인 도에 도달하지 못한 채 계속 시에서 멈추기를 반복했으니, 듣는 사람의 심정이 오죽 불안했을까? 그 불청객은 장시간 계속되는 불안한 소리에 안절부절 못하며, 그 자리를 떠날 수밖에 없었다고 한다.

음악에서와 마찬가지로 건축조형의 사선도 긴장감을 유도한다. 기울기가 크면 클수록 그 긴장감은 더욱 증폭된다. 요즘의 현대건축 중에

Royal Ontario Museum, 캐나다 토론토, 2007, 리베스킨트

사선, 직선, 곡선의 혼용–Weisman Art Museum, 미국 미네소타, 1993, 게리

서 해체주의를 표방하는 건축물들은 과히 사선의 집합장이라 할만 하다. 특히 다니엘 리베스킨트와 프랭크 게리, 렘 쿨하스와 같은 해체주의 건축가들은 다양한 각도의 사선을 종횡무진으로 구사하고 있다.

기하곡선

곡선은 유연함, 고상함, 우아함, 온화함, 율동감 등 여성적인 부드러운 느낌을 주는 선이다. 곡선은 형태에 따라 기하곡선과 자유곡선으로 나뉜다. 기하곡선은 수치화할 수 있는 인위적인 곡선으로 원이나 원호圓弧에서 발생한다. 이 선은 단조로운 감이 없지는 않으나, 그 대신 정돈되고 명확한 느낌을 주는 선이다. 건축에서 주로 쓰이는 기하곡선으로는 원, 타원, 포물선, 쌍곡선, 나선螺線 등이 있다.

원은 꽉 차 있는 것 같은 충실한 느낌을 주고, 타원은 원에 비해보다 유연한 느낌을 준다. 위로 솟아있는 포물선은 속도감을 느끼게 하고, 두 개의 곡선이 대칭되어 있는 쌍곡선에서는 균형미와 현대적 감각을 느낄 수 있다. 소라나 달팽이와 같은 모양의 나선은 곡선 중에서 가장 동적이며 발전적인 느낌을 주는 선이다.

요즘 한창 뜨는 건축가 중에 스페인 출신의 칼라트라바Santiago Calatrava라는 건축가가 있다. 그는 우리나라의 한강 노들섬에 곧 들어서게 될 오페라하우스의 설계자이기도 하다. 독특하고 기지 넘치는 건축적 발상으로 건축계의 모짜르트라고도 불리는 칼라트라바는 특히 기하곡선을 세련되게 표현해 내고 있는 것 같다. "나는 내가 구상하는 모든 아이디어를 건축물로 만들 수 있다"고 말하는 그의 작품은 발표되는 족족 사람들의 시선을 사로잡으며 감동을 선사하고 있다. 칼라트

예술과 과학도시, 음악당과 국제회의장, 스페인 발렌시아, 1998, 칼라트라바

라바처럼 모든 음악을 다 건축으로 표현할 수 있다면 얼마나 멋질까?

음악에서도 곡선을 그리면서 움직이는 선율은 온화하고 부드러운 느낌을 준다. 선율의 곡선적인 흐름은 악보상에 시각적으로 나타나기도 한다. 그러나 음악이 청각예술인 것을 감안하면, 역시 직접 들어봐야 제대로 그 맛을 느낄 수 있을 것 같다. 눈으로 건물의 곡선을 따라가듯이 귀로, 마음으로 선율을 따라가며 곡선을 그어보는 것이다.

기하곡선적인 선율형태 '슬라브 자장가 중에서' F. Neruda

바이올린의 명곡, 멘델스존Jakob Ludwig Felix Mendelssohn의 '바이올린 협주곡 1번Violin Concerto in e minor, Op.64' 은 균형감 있고 정돈된 기하곡선의 느낌이 풍부한 음악이다. 멘델스존의 곡들이 대체적으로 서정성이 짙지만, 이 곡은 특히 그 특유의 섬세한 선율미를 자랑한다. 부드럽게 잘 짜여진 바이올린 선율이 우아한 곡선을 그리듯이 흐르며, 로맨틱한 감정을 불러일으키게 한다.

흔히 멘델스존의 곡과 더불어 베토벤Violin Concerto in D major, Op.61, 브람스Violin Concerto in D major, Op.77의 바이올린 협주곡을 일컬어 '3대 바이올린 협주곡' 이라 한다. 특히 베토벤의 곡은 판이하게 다른 성격으로 종종 멘델스존의 곡과 비교된다. 베토벤의 협주곡이 남성미가 넘쳐흐르는 웅장하고 힘찬 직선이라면, 멘델스존의 협주곡은 감미롭고 달콤한 곡선이다. 두 곡을 비교해서 감상해보면, 멘델스존의 곡이 얼마나 부드럽고 여성적인 선율을 그리고 있는지 바로 와닿을 것이다. 어떤 사람들은 이 두 곡을 왕과 왕비, 아담과 이브에 비유하기도 한다.

자유곡선

자유곡선은 말 그대로 무질서하고 자유분방한 선이다. 이 선은 변화무쌍하고 유연하기 그지없는 매력적인 성격의 선이다. 때로 물결처럼 구불구불 흐르기도 하고, 때로 미로처럼 복잡하게 꼬이면서 보는 이들의 상상력을 자극한다.

이전의 건축물들이 주로 기하곡선에 국한되어 있었다면, 요즘의 현대 건축물들은 대담하고 거침없는 자유곡선을 선호하고 있는 듯하

구겐하임 빌바오 미술관, 스페인, 1997, 프랭크 게리

다. 특히 건축가 필립 존슨이 "우리 시대의 가장 위대한 건축물"이라고 평한 프랭크 게리Frank Gehry, 1929~의 '구겐하임 빌바오 미술관'은 가히 자유곡선의 향연이라 할 만하다. 이 미술관은 건조 중인 선박의 이미지를 담고 있다고 하는데, 언뜻 보면 피어나는 꽃을 형상화한 것 같기도 하다. 마치 종이를 자유롭게 접고, 자르고, 구부려 놓은 것 같은 형상 속에서 뻗어나가고, 휘감기고, 부딪히고, 꿈틀거리는 비정형적인 곡선들은 건축물에 더없이 풍부한 표정과 역동성을 부여하고 있다. 화려한 곡선미가 넘쳐나는 이 건축물은 건물 자체가 하나의 미술품인 듯 환상적인 자태를 과시하고 있다.

20세기의 마지막 기념비적인 작품으로 불리는 이 미술관은 점차

인구가 줄어드는 스페인의 도시 빌바오를 살리기 위해 건축되어졌다. 스러져가던 조선과 탄광의 도시 빌바오는 결국 이 미술관으로 인해 문화도시, 관광도시로 탈바꿈하게 된다. 당시, 스페인의 바스크Basque 주州는 이 건물을 유치하기 위해 건축비만 1조원, 일설에는 1조 5천억 원을 들였다고 한다. 어마어마한 규모의 건축비 때문에 시민들의 반대도 만만찮았으나, 미술관이 들어선 첫 해에 그 비용을 다 뽑아내는 성과를 거뒀다고 한다.

대담한 게리의 곡선에 비해, 자유곡선의 원조라 할 수 있는 가우디Antonio Gaudi, 1852~1926의 곡선은 무척 섬세한 아름다움을 지니고 있다. 오래 전 바르셀로나를 여행할 당시, 가우디의 여러 작품들을 접할 기회가 생겼다. 직접 본 가우디의 건축은 마치 자연 그 자체를 형상화하고 있는 듯했다. 해골과 동물의 뼈, 나무, 동굴, 산, 바다가 연상되는 건축물들은 어찌 보면 좀 기괴스럽기도 하고, 어찌 보면 익살스럽기도 하다. 그러면서도 장식과 절묘하게 어우러지는 곡선들의 실루엣은 사랑스럽기 그지없었다.

가우디는 직선을 악마의 선에, 곡선을 신의 선에 비유하며, 평생 곡선의 건축을 추구한 건축가다. 그의 건축물은 외형뿐만 아니라 굴곡진 벽과 천장, 장식 등 모든 면에서 곡선이 압도적이다. 자유로운 곡선에 못지않게 자유분방한 장식, 동화에나 나올 듯한 선명하고 아름다운 색채가 조화를 이루는 가우디의 건축은 비현실적인 야릇한 감동을 자아낸다. 1882년에 공사가 시작된 가우디의 역작 성가족교회La Sagrada Familia는 120년이 지난 지금까지도 건축 중이며, 언제 완공될지 그 누구도 알 수 없다고 한다. 가우디도 참 대단한 건축가지만,

성가족 교회, 1882, 바르셀로나, 가우디

카사밀라, 1910, 바르셀로나, 가우디

그의 조국 스페인도 건축가와 건축물에 대한 애정이 넘쳐나는 대단한 집념의 나라라는 생각이 든다. 부러울 따름이다.

자유곡선의 느낌이 나는 음악은 어떤 곡일까? 개인적인 생각으로는 라벨Maurice Ravel의 곡들이 이런 느낌이 아닐까 한다. 멘델스존의 바이올린 협주곡이 기하곡선이라면, 라벨의 대표적인 피아노곡 '물의 희롱Jeux d' eau' 은 현란하고 복잡한 자유곡선에 비유할 수 있다. 라벨이 "앞으로 내 작품에 나타나게 될 피아노 작곡법의 모든 아이디어들이 여기에 다 들어있다"고 말한 물의 희롱은 제목대로 물의 온갖 이미지를 다 담고 있다. 그의 스승 포레Gabriel Faure에게 헌정된 이 곡은 '상쾌한 물에 미소 짓는 물의 신' 이란 시의 한 구절에서 영감을 얻어 작곡된 것이라고 한다.

라벨은 물의 이미지를 표현하기 위해 신비로운 느낌을 주는 5음 음계를 폭넓은 음역에 걸쳐 사용하고 있다. 조용히 흐르는 섬세한 물결, 햇빛에 아롱지는 물, 화려하게 반짝이는 물, 분수처럼 약동적으로 튀어 올랐다 사라져가는 물방울들이 다양한 곡선을 그리며 음악 속을 이리저리 흘러 다닌다.

라벨의 선율이 화려한 곡선을 그리고 있다면, 림스키 코르사코프Rimskii Korsakov의 '왕벌의 비행Flight of the Bumblebee' 은 거기에 스피드와 역동성을 더하고 있다. 백조를 괴롭힐 기세로 무장한 왕벌들이 윙윙 소리를 내며 정신없이 날아다닌다. 마치 그 비행궤도가 눈에 보이듯이 실감나게 묘사되어 있다. 빠르게 날아올랐다가 잠시 주춤거리고, 다시 쏜살같이 날아오르는 왕벌의 비행곡선은 게리의 구겐하임 미술관의 역동적인 곡선과 무척 닮아 있다는 생각이 든다.

우리의 국악은 또 어떤가? 서양음악과는 다른 느낌이지만 한없이 곡선적이다. 화성 위주의 서양음악이 꽉 찬 느낌이라면, 선율 위주의 우리 음악은 여유롭고 유동적인 곡선이다. 저음에서 고음까지 진득하

한옥의 처마선

〈자유곡선적인 선율형태〉 수제천壽齊天, 일명 '정읍'의 한 부분

게 끌어 올리고, 제 자리에서 떨고, 다시 저음으로 유유히 흘러내리면서 시종일관 부드러운 곡선을 이어나간다. 전통건축의 처마곡선에서 느껴지는 정적이고 한가로운 선이 음악과 딱 맞아 떨어진다.

건축과 음악의 윤곽선

음악을 들을 때, 귀에 가장 알기 쉽게 다가오는 것이 선율이다. 선율은 음악의 인상을 결정짓는 윤곽으로, 곡이 끝난 후에도 오래도록 귓전에 남아 맴돈다. 때로 인상적이거나 아름다운 선율은 우리를 저절로 흥얼거리게 한다.

건물을 대했을 때도 제일 먼저 우리 눈에 들어오는 것이 건물의 형태, 즉 외곽선이다. 건물들은 곧고, 둥글고, 뾰족하고, 휘고, 삐뚤어진 선의 옷을 두르고 우리에게 자신의 첫인상을 던져준다. 인상이 좋은 건물은 음악의 선율과 같이 오래도록 우리의 뇌리에 남게 된다. 음악의 선율을 어떤 식으로 건축에 유입시킬 수 있을까? 현대 추상화의 선구자로 알려져 있는 칸딘스키Wassilly Kandinsky의 예를 잠시 들어보자.

칸딘스키는 자신의 회화에 음악의 추상성을 표현하고자 했던 화가다. 피아노와 첼로 연주에도 뛰어났던 그는 실제로 작곡을 하는 것처럼 회화를 구성했다고 알려져 있다. 그는 사물을 구체적으로 묘사하는 대신, 사물에서 받은 막연한 느낌을 그대로 화폭에 옮기는 데 충실했다. 또한 즉흥, 음향, 작곡과 같은 음악용어들을 작품의 제목에 사용했으며, 감상자가 자신의 그림을 보면서 음악의 소리를 직접 떠올리기를 원했다고 한다.

작곡Composition, 칸딘스키

칸딘스키와 같이 음악의 추상적인 이미지를 건축물에 표현하는 것은 격조 높은 방법이다. 직접 음악을 묘사하지 않고, 다만 건물의 이미지에서 음악을 떠올리게 하는 것이다. 음악의 느낌을 잘 표현해낸 건물이라면, 보는 이의 공감각共感覺 현상을 일깨워 건물을 바라보면서 음악을 느끼게 할 수도 있을 것이다. 구체적인 곡의 선율을 발췌해 건축공간의 흐름을 직접, 혹은 은유적으로 구성해보는 것도 흥미로운 방법일 것 같다. 아직 시도된 적이 없는 걸로 여겨지는데, 실험적이고 독창적인 건축공간이 탄생되지 않을까 생각한다. 보다 직접적으로는 선율을 그대로 건물의 형태에 적용하는 방법도 있겠다. 물론 선율뿐 아니라 리듬이나 다른 요소들을 사용할 수도 있으며, 건물의 외형뿐 아니라 내부, 장식 등에도 얼마든지 적용가능하다.

〈작은 별 변주곡의 주제〉 모짜르트

위쪽의 오른손의 선율

아래쪽의 왼손의 선율

음악의 선율을 건축의 선으로 치환시키면, 실제 어떤 형태가 나올까? 나 자신도 궁금하여 '반짝 반짝 작은 별' 이라는 가사와 함께 누구나 익히 알고 있는 모짜르트의 피아노 선율을 간단한 선적 형태로 바꾸어 보았다.

곡의 멜로디도 단순하거니와 수평과 수직선만으로 대충 윤곽만 그린 것이라 무척 심심한 형태가 나왔다. 좀 더 활동적인 선율을 선택해 곡선이나 사선으로 연결해보는 것도 좋을 것 같다. 거기에 창문도 그려 넣고 장식도 새겨 넣으면 건물의 이미지가 난다. 어떤 건축가의 감수성에, 아름답거나 혹은 극적인 선율이 반영되어 기발하고 독특한 건축물이 나올 것을 한 번 상상해 본다.

리듬

리듬Rhythm은 그리스어의 '흐른다' 라는 뜻의 동사 'Rhein' 을 어원으로 하는 'Rhythmos' 에서 유래된 말이다. 우리말로는 율동律動이라고 한다. 우리가 흔히 쓰는 '리듬을 탄다' 라는 말도 바로 이 흐름을 탄다는 의미와 상통한다. 고대 그리스의 아리스토 크세누스는 리듬을 '시간의 질서' 로, 플라톤은 '운동의 질서' 로 정의했는데, 플라톤의 정의는 지금까지 리듬에 관한 가장 포괄적인 정의로 알려져 있다.

질서라는 개념에서의 리듬은 우주와 자연을 포함한 모든 현상에 존재한다. 천체의 움직임과 계절의 순환에도 리듬이 있고, 자연계나 동식물의 생태도 리듬을 가지고 있다. 사람의 몸도 리듬을 타고 움직인다. 신체의 리듬이 깨지면 병이 들고, 호흡이나 맥박의 리듬이 깨지면 우리는 살아갈 수 없을 것이다. 춤을 출 때나 운동을 할 때도 리듬을 타야 몸이 자연스럽고, 글에도 운율이 있어야 읽기가 쉽다. 리듬이 생명인 음악은 말할 필요도 없다. 사실 이 세상의 모든 것이 리듬이라고 해도 과언이 아니다.

음악에서 리듬은 곡에 활기와 다양성을 불어넣어 준다. 멜로디와 화성이 없어도 음악은 만들어지지만 리듬이 없는 음악은 존재하지 않는다. 엄밀히 말하면 타악기 솔로연주나 사물놀이처럼 리듬 하나만으로도 음악은 완성된다. 고대 음악들처럼 선율로만 이루어진 단單선율 음악도 있긴 하다. 그러나 따지고 보면, 이 선율들도 반드시 리듬과 결합되어 있음을 알 수 있다. 만약 모든 음표의 길이를 똑같이 연주한다면, 우리 귀에 어떻게 들릴지 상상해 보라. 이는 단조롭기 그지없는, 우리가 알고 있는 것과는 전혀 다른 형태의 심심한 음악이 될 것이다.

예전에 유명했던 '듀란듀란' 이라는 팝그룹의 드럼연주자는 타악기의 리듬으로 사람들의 신체리듬을 조절할 수 있다고 장담한 적이 있다. "나 혼자 한 시간 정도 콘서트에서 드럼을 연주하게 해주면, 청중들을 최고의 성적 흥분상태로 만들 수도 있고, 또 자살하고 싶을 정도로 우울하게 만들 자신도 있다." 조금 과장된 표현이겠지만, 사람들이 리듬에 얼마나 즉각적으로 반응하는지 잘 설명해주는 얘기다. 리듬에는 육체가 반응하고, 멜로디에는 정신이 반응하고, 하모니에는 영혼이 반응한다고 했던가?

리듬은 음악의 가장 기초적이고 중요한 요소로 여러 번 강조해도 지나침이 없다. 그렇다면 이처럼 음악에서 중요하게 취급되고 있는 리

리듬 기보(記譜)의 예-굿거리장단

듬의 정체는 무엇일까? 리듬은 일정한 박자 위에서 진행되는 음의 시간적 흐름과 움직임이라고 말할 수 있다. 좀 더 자세히 말하면, 박拍, 길고 짧은 길이의 음音, 셈여림 등이 시간적으로 결합되어 질서를 이루는 것이다. 박에 특정한 모양의 강세가 붙어 박자를 이루고, 그 박자 속에서 다양한 길이의 음들이 연결되어 리듬의 형태를 이룬다. 이렇게 생성된 리듬은 규칙적으로 반복되거나 불규칙적으로 변화되면서 긴 리듬으로 이어진다. 주기적으로 반복되는 규칙적인 리듬은 안정적인 느낌을 주고, 불규칙적인 리듬은 긴장과 동시에 역동적인 느낌을 준다. 음표의 길이가 짧으면 경쾌하게 느껴지고, 반대로 음표의 길이가 길면 무겁게 느껴지는 경향이 있다. 이처럼 리듬은 음악에 활동성과 다양성을 제공한다.

건축에서도 음악과 같은 방식의 리듬이 존재한다. 음악에는 시간적인 리듬이, 건축에는 시각적인 리듬이 있을 따름이다. 건축의 리듬은 시각적인 힘의 강약이 규칙적으로, 또는 불규칙적으로 연속될 때 나타난다. 이러한 동動적 질서는 음악에서와 마찬가지로 건축물에 역동성과 쾌적한 형태감을 부여한다.

건축의 리듬은 창이나 기둥의 배치, 간격 등 주로 형태에서 논의된다. 그러나 리듬이 형태에만 국한되어 있는 것은 아니다. 형태는 물론 공간의 흐름에도 적용되며, 색채의 농담濃淡, 빛의 명암明暗 등에서

규칙적인 기둥의 리듬, 구엘공원, 가우디

불규칙적인 리듬의 창문, Forest Spiral, 2000, 독일, 훈데르트바서

도 쓰인다. 그 적용범위는 실로 무궁무진한데, 이런 점에서 보면 건축의 리듬은 음악의 리듬보다 훨씬 포괄적이라고 할 수 있다. 건축에서 쓰이는 대표적인 리듬의 유형은 반복, 교체交替, 점이漸移 등이다. 리듬은 건축의 구성요소이기도 하지만 또한 원리이기도 하다. 이러한 수법들은 두 예술의 구성원리를 다룬 다음 장에서 자세히 다루어지게 될 것이다.

움직일 수 없는 건물에 다양한 리듬을 불어넣어주면, 비로소 그 건물은 활동적으로 살아 움직이는 유기체가 된다. 건물이 노래하고 춤추게 되는 것이다. 어떤 건물은 단아하고 우아하게, 또 어떤 건물은 강렬하고 대담한 몸짓으로 자신을 표현한다.

화성과 공간

화음과 화성

흔히 화음Cord이란 용어와 화성Harmony이란 용어를 혼동해서 쓰는데, 엄밀히 따지면, 이 두 가지는 의미가 다르다. 화음은 높이가 다른 두 개 이상의 음이 수직으로 결합된 것을 말한다. 말하자면, 벽돌을 쌓듯이 음들을 2층, 3층, 4층, 혹은 여러 층으로 차곡차곡 쌓아놓은 것이다. 이렇게 층층이 쌓여진 음의 무리를 밀집화음이라고 한다. 또 때로는 이 화음들을 옆으로 펼쳐놓기도 하는데, 이를 분산화음이라고 한다. 이런 점에서 보면, 화음은 건축의 면Surface에 비유할 수 있다. 선에 폭이 가미되어 넓어지면 면이 되는 것과 같이 화음은 음악에 폭과

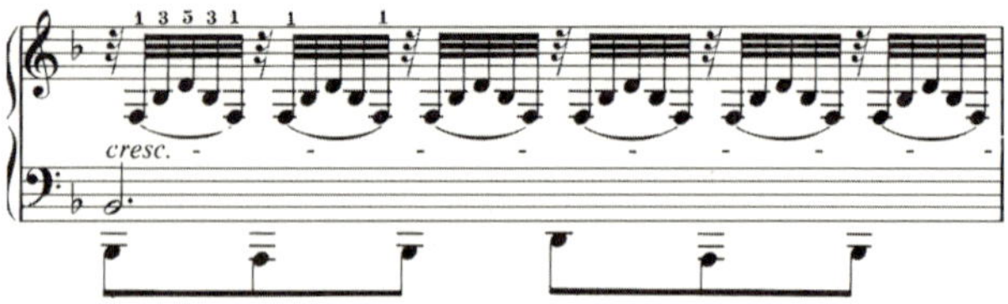

분산화음의 예

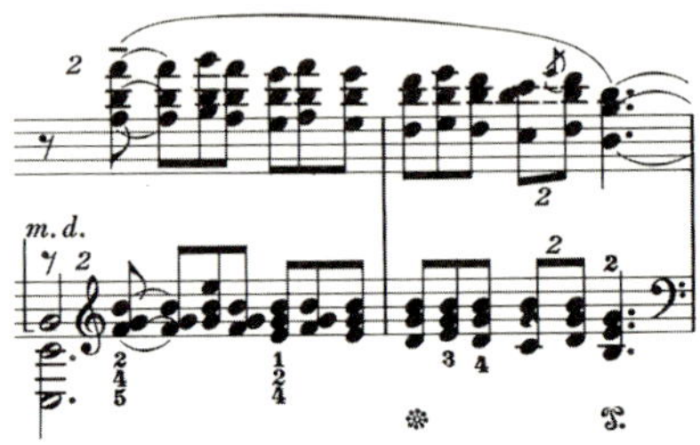

밀집화음의 예

부피를 형성시키는 요소다.

그렇다면, 화성은 화음과 어떻게 다를까? 화성은 화음들이 조화를 이루며 흘러가는 '진행 상태'를 말한다. 화성은 리듬과 선율의 배후에서 이들을 보강하여 음악을 더욱 깊고 풍부하게 만들어 준다. 이런 점에서 보면, 화성은 건축의 공간Space, 입체Mass에 비유할 수 있다. 면에 굵기를 더하면 입체가 되고 공간이 형성되는 것과 같이 화성은 음악이라는 시공간을 입체적으로 채워나가는 역할을 한다.

건축과 음악의 공간

한편으로 보면, 건축은 공간을 다루는 예술이기도 하다. 건축에서는 여러 기능을 갖춘 단위공간들이 연결되어 하나의 전체공간을 형성한다. 음악은? 음악도 역시 시時공간 속에서 행해지는 예술이다. 추상적인 음악의 공간은 눈에 보이지 않지만, 다루는 방법은 건축과 일치한다. 사실 음악의 공간은 건축의 공간보다 더욱 치밀하게 구성된다고 할 수 있다. 크게는 악장별로 색다른 공간이 구획되고, 아주 작게는 마디별로 세밀한 단위공간들이 만들어진다. 이 공간들이 시간의 흐름 속에서 연결되면, 마치 건축의 공간처럼 특유의 표정이 만들어진다.

건축의 공간은 그 성격에 따라 여러 가지로 분류된다. 우선 내부와 외부, 그리고 채움Solid Space과 비움의 공간Void Space으로 나뉜다. 채움의 공간은 화음으로 꽉 채워진 음악과 같이 내부가 충실하게 차 있는 공간을 말한다. 육중한 돌로 채워진 이집트의 피라미드가 대표적인 채움의 공간이다. 반면에, 피라미드를 현대적 감각으로 재현한 페이I.M. Pei의 유리로 된 피라미드는 가볍고 비어있는 느낌이 우세하다. 또한 실제 내부가 차 있지 않더라도 내부가 차 있음을 암시하는 공간도 여기에 속하는데, 시자Álvaro Siza의 산타 마리아Santa Maria 성당은 넓은 면에 비해 개구부가 작아 시각적으로 채워진 느낌을 준다. 채움의 공간은 부피감과 중량감을 느끼게 하며 폐쇄적인 성격을 지닌다.

비움의 공간은 화음의 밀도를 낮추어 분산시키거나 여백을 주면서 진행시킨 음악과 같다. 이 공간은 개방되어 있어 시원한 느낌을 주는데, 면에 비해 개구부가 넓은 공간도 비워진 느낌이 우세하므로 여기에 속한다. 비움의 공간은 여백을 중요시하는 우리의 전통건축에서 쉽게 접할 수 있다. 우리의 건축은 비우면 비울수록 여유가 생기고, 여백의 미가 살아난다. 우선 한옥의 중심이 개방공간인 마당이다. 또 방문을 사방으로 들어 올리면, 채움의 공간이던 방이 곧바로 비움의 공

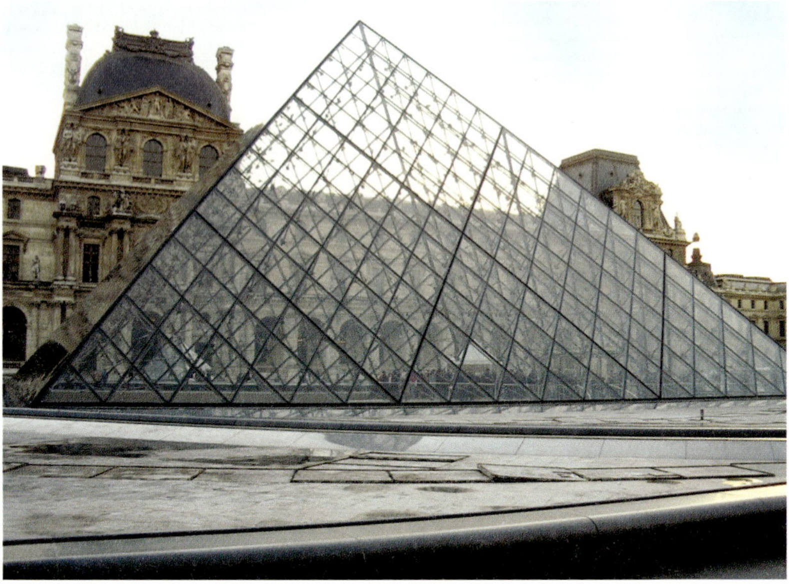

유리 피라미드, 루브르박물관, 1989, 페이

산타마리아 성당, 포르투갈, 알바로 시자

한국민속촌의 누각

간으로 전환한다. 계곡이나 산을 낀 정자나 누각도 자연과 소통하는 대표적인 비움의 공간이다.

정적인 공간Static Space은 화음을 길게 끌거나 느리게 진행시킨 음악에, 동적인 공간Dynamic Space은 활발하고 역동적으로 진행시킨 음악에 비유할 수 있다. 화음들을 고정된 형태로 밀집시켜 규칙적으로 진행시킨 음악은 경직된 공간Hard Space과도 같다. 수평면, 수직면, 사면 등에 의해 생성되는 건축의 경직된 공간은 정돈되고 단정한 분위기를 주지만 성격이 좀 딱딱하다. 이와는 대조적으로 유연한 공간Plastic Space은 곡면이나 다채로운 요소들에 의해 자유롭게 구성된 공간으로, 부드러움과 친근감을 주는 생동적인 공간이다. 음악에서도

정적이고 경직된 공간–빛의 교회, 일본 오사카, 1989, 안도 타다오

화음을 모았다 펼쳤다 하면서 유연하게 연결시켜나가면 건축공간과 같은 풍성한 시공간이 형성된다.

공간을 빼고 건축을 이야기할 수 없듯이 화성은 리듬, 선율과 함께 음악을 구성하는 데 빼 놓을 수 없는 중요한 요소다. 다양한 성격의 건축공간들처럼 화성은 배치형태나 진행방법에 따라 각기 다른 성격의 음악공간을 창출한다. 건축과 음악의 공간은 체험의 방법만 다를 뿐이지, 결국 같은 맥락의 공간이라고 볼 수 있다. 우리가 대중적으로 알고 있는 음악가들은 어떤 느낌의 공간을 설계했을까? 물론 하나의 음악 속에는 다양한 성격의 시공간들이 복합적으로 공존하지만 저마다 눈에 띄는 나름대로의 특성을 지니고 있다.

모짜르트의 음악은 단정하고 아기자기한 공간이다. 경쾌한 느낌은 있지만 약간은 가벼운 소극적인 공간이라고 할까? 이에 비해 베토벤의 음악은 대부분 웅장하고 힘이 넘치는 적극적 공간이다. 드뷔시와 라벨의 음악은 안개에 쌓인 것 같은 신비로움을 주는 유연한 공간이며, 경직된 불협화음이 난무하는 바르톡의 음악은 자극적인 현대건축의 공간처럼 긴장감이 넘쳐난다. 바그너는 끝없는 반음계적 화성진행으로 이어질듯 말듯 미묘한 분위기의 공간을, 쇤베르크는 전통에서 벗어난 전혀 색다른 이질적인 공간을 연출한다. 이렇듯 음악가나 곡에 따라 각기 다른 공간이 만들어지는 것은 모두 화성에서 기인하는 것이다.

작곡을 공부하면서 배우게 되는 음악통론이나 화성학 책에는 짧은 동기를 제시하고 곡을 완성하라는 문제가 간혹 나온다. 만약 건축학도들에게 음악의 한 부분을 듣게 하고, 그 느낌을 설계하라고 하면, 어떤 건축공간이 탄생하게 될까 자못 궁금해진다.

바흐의 음악공간

베토벤은 바흐를 가리켜 화성의 완벽한 아버지라고 칭했으며, 그의 음악은 넓고 깊은 바다와 같다고 감탄해마지 않았다. 이토록 화성이 충만한 바흐의 음악은 어떤 느낌의 공간일까? 바흐의 음악을 듣고 있으면, 굳이 베토벤의 말을 빌지 않더라도 그 깊고 풍부한 화성에 매료된다. 바흐의 곡이 대부분 화성감이 좋지만, 특히 '6곡의 무반주 첼로 모음곡Suites for 6 Cello Solo' 과 '6곡의 무반주 바이올린 소나타와 파르티타Sonata & Partita for solo violin' 는 바흐 화성의 결정체가 아닐까 생각한다.

첼로와 바이올린은 화성악기라기보다는 선율을 위주로 하는 악기다. 바흐는 화성을 표현하기에는 제한적인 이 두 악기를 마치 화성악기처럼 변모시키고 있다. 각 곡이 하나의 전주곡과 다섯 개의 춤곡으로 구성되어 있는 6곡의 무반주 첼로 모음곡은 넓은 음역에 걸친 풍부한 화성을 심도 있게 표현해야 하는 곡으로, 흔히 첼로의 성서聖書로 불린다. 바흐는 이 곡들에서 강도 높은 밀집화음과 분산화음을 완벽하게 조화시키면서 심오한 음의 공간을 구현해내고 있다. 대형 현악기인 첼로는 사람의 목소리와 가장 흡사한 악기로 알려져 있다. 첼로가 들려주는 화성의 느낌은 마치 굵직한 저음의 목소리를 가진 남성이 때로는 잔잔한 솔로로, 때로는 화려한 합창으로 노래하는 듯하다.

3곡의 소나타와 3곡의 파르티타Partita로 구성된 6곡의 무반주 바이올린 곡들도 역시 뛰어난 대위법적 진행과 풍부한 화성으로 인해 바이올린의 성서로 불린다. 파르티타는 바로크시대에 쓰이던 음악형식으로 변주곡을 의미한다. 이 중 다섯 번째 곡인 파르티타 2번d minor BWV 1004의 마지막 악장 '샤콘느Chaconne'는 바흐 화성의 진수라고 일컬어지는 불후의 명곡이다.

샤콘느는 3박자의 느린 춤곡을 뜻한다. 열정적이고 아름다운 이 곡은 춤곡이라는 이름과는 어울리지 않게 비극적인 색채가 짙은 곡이다. 저음의 중후한 화성을 바탕으로 그 위에서 정교하게 변주시킨 선율이 섬세한 물결처럼 시공간 속을 흘러 다닌다. 일순간 화음을 응축시켰다가 화려하게 변화시켜 풀어놓고, 다시 겹겹이 쌓기를 되풀이한다. 풍요로운 화성이 전개되는 전체의 공간 속에서 다양한 공간들이 서로 맞물려 이어진다. 채워졌다 비워지고, 정적으로 흐르다가 역동적으로 변신하고, 냉정하고 차가운 경직성을 보이다가 한없이 부드러운 유연한 공간으로 바뀌어나간다. 가냘픈 음색의 바이올린이 아무런 반주악기 없이 홀로 연주하지만, 화성의 묘미가 바로 이런 것이구나 하는 생각이 저절로 들게끔 하는 감동적인 곡이다.

바흐의 음악에 대해 연구했던 독일의 음악가 슈피타Philipp Spitta, 1841~1894는 바흐의 샤콘느를 가리켜 "물질에 대한 정신의 승리이며, 음악이 가질 수 있는 최고의 조형미를 가진 곡"이라고 칭송했다. 브람스도 이 곡에 대한 격찬을 아끼지 않았다. "바흐의 샤콘느는 내게 가장 경이적이며 신비로운 작품이다. 바흐는 그 작은 악기를 위해 그토록 심오한 사상과 힘에 넘치는 감정을 표현하고 있다. 만약에 내가 이 곡을 썼다면, 너무 벅찬 흥분과 감동으로 아마 미쳐버렸을 것이다. 이 곡을 연주할 훌륭한 바이올리니스트가 없다고 해도, 그 울림을 마음속에서 그저 상상해보는 것만으로도 더할 수 없는 황홀감에 젖을 것이다."

음악은 귀로 듣고 마음으로 느끼는 예술이다 보니, 아무리 미사여구를 써서 이 곡을 설명한다 해도 그 느낌을 전달하기에는 부족함이 없지 않다. 이럴 때 펼치기만 하면 음악이 원음 그대로 흘러나오는 책이 있다면 얼마나 좋을까 하는 생각을 해본다.

음색과 색채 · 재질감 · 명암

음색과 색채

색채라는 용어는 건축, 회화 등 시각예술에서 뿐만 아니라 음악에서도 자주 쓰인다. 그 개념도 서로 유사한데, 음악에서는 이를 음색Tone Color이라고 한다. 음색은 음의 섬세한 빛깔과 질감, 양감量感의 차이를 나타내는 것으로 건축의 색채Color, 재질감Texture, 명암Value과 같은 요소다.

음색은 악기를 만든 재료와 악기의 구조에 따라 결정된다. 똑같은 음을 연주하더라도 악기의 종류에 따라 그 소리가 다르게 들리는 것은 악기마다 각자 고유한 음색을 가지고 있기 때문이다. 이 음색으로 인해 진동하는 음의 파형波形도 달라진다. 서로 다른 악기가 같은 음을 냈을 때의 파형을 스펙트럼 그래프로 변환시켜 보면 각기 다른 모양을 취하고 있는 것을 알 수 있다.

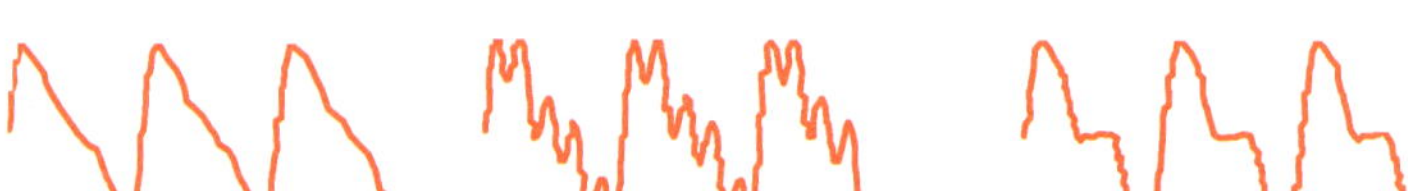

바이올린의 파형　　클라리넷의 파형　　플룻의 파형

특정한 음색은 듣는 사람에게 특징적인 느낌을 전달한다. 음색을 표현할 때 부드럽다, 거칠다, 밝다, 어둡다, 맑다, 화려하다 등의 단색적인 표현을 많이 쓴다. 때로는 더욱 다채롭게 표현하기도 하는데, 흔히 클라리넷의 음색은 성량이 풍부하고, 바이올린의 음색은 섬세하고 여성적이며, 첼로의 음색은 굵직하고 남성적이라고 말한다. 마치 코 막힌 것 같은 비음을 내는 우리의 악기 해금은 애절하고 가녀린 여성의 목소리에 비유된다. 미국의 여성 인류학자 마가렛 미드Margaret Mead는 가야금의 농현弄絃을 사람의 우는 소리에 비유하기도 했다.

화음이 소리의 주파수에 의해, 색은 빛의 주파수에 의해 발생한다는 것에 착안해 비슷한 파장을 보이는 음과 색채를 추출한 사례가 있다. 프랑스의 학자 도우벤Jean Dauven의 연구에 따르면, 사(G)장조의 주요 3화음인 솔시레는 보라색, 청색, 황색에 해당하며, 라(a)단조의 3화음인 라도미는 남보라색, 녹색, 오렌지색에 해당한다고 한다.

실제로 러시아의 작곡가 스크랴빈Alexander N. Scriabin, 1872~1915은 '프로메테우스, 불의 시Prometheus, the Poem of Fire, Op.60' 라는 곡에 도우벤과 유사한 방식으로 색채를 도입하고 있다. 말하자면, 스크랴빈은 음악에 색채를 입힌 최초의 작곡가인 셈이다. 그는 오르간의 건반과 조명을 연결시켜 일정한 음을 누를 때마다 일정한 색채의 빛이 스크린에 투사되도록 했다. '도' 는 인간의 의지를 나타내는 빨간색, '솔' 은 창의적인 주황색, '레' 는 환희의 노란색, '라' 는 물질적인 초록색 등등. 이 곡이 연주될 때면, 청중들은 작곡자가 각 음마다 지정한 무지개 색의 빛의 향연을 음악과 함께 즐기게 된다.

이와는 대조적으로 그림에 음악의 색채를 입히고자 했던 화가도 있다. 책의 앞부분에서도 잠시 언급했던 칸딘스키다. 그는 화가지만 음악을 미술보다 우위에 두었으며, 색채에 대해 미술의 관점이 아닌 오히려 음악적인 관점에서 초점을 맞추고 있다. 그는 악기의 독특한 음색을 색채로 표현하는데, 트럼펫이나 튜바는 빨간색으로 힘과 젊음을 나타내며, 첼로나 오르간은 파란색으로 깊은 내면의 평화를 의미한다는 식이다. 스크랴빈과 칸딘스키는 음악을 들으면서 색채를 떠올리고, 색채를 보면서 음악을 떠올리는 공감각共感覺 능력을 가진 예술가로 알려져 있다. 개인적으로 공감각현상은 누구나 체험하는 것이라고 생각하지만, 이 두 사람은 일반인에 비해 지각하는 능력이 좀 더 탁월했던 모양이다.

칸딘스키나 스크랴빈처럼 색에 어떤 거창한 의미를 부여하지 않더라도 우리는 일반적으로 색채에 대해 공통적인 느낌을 가지고 있다. 붉은 계통의 색은 따뜻하고 푸른 계통의 색은 차갑다. 따뜻한 색은 명랑한 느낌을 주고, 차가운 색은 우울한 느낌을 준다. 명도明度가 높으면 가볍게 느껴지고, 낮으면 무겁게 느껴진다. 채도彩度가 높은 색은 화려하게 보이고, 낮은 색은 수수하게 보인다. 사람을 흥분시키는 자극적인 색이 있는가 하면, 진정시켜 주는 차분한 색도 있다. 대체로 따뜻한 계열의 짙은 색은 사람을 흥분시키고, 차가운 계열의 옅은 색은 진정시키는 효과가 있다. 이렇듯 색채가 주는 시각적인 느낌은 음색이 주는 청각적인 느낌과 별반 다를 것이 없다.

건축의 색채

독일의 유명건축가 브루노 타우트Bruno Taut, 1880~1938는 건축의 색채에 대해 다음과 같이 선언했다. "우리는 여기에 색채건축을 승인한다. 우리들은 더 이상 무채색의 건축을 세우고 싶지 않으며, 또 세워지게 하고 싶지도 않다. 이 선언처럼 우리의 열망은 사람들이 건축물에서 색채의 기쁨을 만끽할 수 있게 되기를 바라는 것이다. 채색은 요란한 장식의 조각처럼 많은 비용이 드는 것이 아니다. 색채는 생의 기쁨이다."

세상에 넘쳐나는 다양하고 멋진 색으로 건물을 치장하면 더할 나위 없이 좋겠지만, 실제로 건축에서 색채를 선택하는 데는 한계가 따른다. 우선 대중에게 거부감을 주지 않는 색채가 사용되어야 하고, 재료나 건물과의 조화도 고려되어야 한다. 건물의 용도에도 부합해야 하며 기후조건, 주변여건, 건축주의 개인선호도까지 맞추어야 한다. 또한 충족시켜야 하는 이 모든 조건들을 떠나서, 건축가들이 색채의 사용에 적극적이지 못한 이유도 한몫한다. 어쨌든, 이러저러한 이유로 건물들이 밝고 다양한 색깔의 옷을 입지 못하고 있는 것이 사실이다.

우리 주위를 둘러봐도 생기라고는 찾아볼 수 없는 무채색의 밋밋한 건물들이 빼곡히 들어차 있는 광경을 쉽게 접할 수 있다. 날씨라도 흐릴라치면, 가뜩이나 우중충한 회색의 도시가 더욱 칙칙하게 느껴진다. 그럴 때, 선명한 색깔의 자동차라도 한 대 지나가면, 이 암울한 도시의 풍경 속에서 그 작은 소품이 얼마나 반가운지 모를 지경이다. 타우트의 말처럼 건물을 채색하는 것은 다른 재료에 비해 그다지 많은 비용이 드는 것이 아니며, 오히려 그 효과는 배가 된다. 좀 더 다채로운 색으로 도시를 신선하고 활기차게 변화시킬 수는 없을까?

현대의 건축가들 중에 대담한 색채의 사용에 주저함이 없는 건축가들이 더러 눈에 띈다. 그 중에서도 멕시코 출신의 바라간Luis Barragan,1902~1988과 그의 제자 레고레타Ricardo Legorreta, 1931~는 특히 색에 대한 표현력이 탁월한 것 같다. 두 건축가 모두 건물의

Casa Luis Barragan, 멕시코, 루이스 바라간

형태와 재료는 대체로 단순하게 처리한 편이다. 마치 색을 칠할 캔버스로 쓰기 위해 간결하게 만든 것이 아닐까 하는 생각이 들 정도다. 그들은 건물이라는 캔버스 위에 멕시코 특유의 밝고 화려한 색채를 거침없이 구사한다. 빨강, 자주, 핑크, 노랑, 파랑, 보라, 녹색 등등 하나같이 강렬한 색이다. 자칫 잘못 사용하면 유치해질 수 있는 이 색채들이 유치하기는커녕 감각적이고 세련미 넘치게 표현되고 있다.

재질감과 명암

음색이 음의 고유한 질감이라면, 재질감은 말 그대로 재료의 고유한 질감을 말한다. 재질감을 나타내는 'Texture'는 직물이나 그 짜임

새를 뜻하는 'Textile'라는 말에 어원을 두고 있다. 원재료나 직조방법에 따라 천의 표면이 각기 다른 느낌을 만들어내듯이 건축의 재료도 저마다 특유의 질감을 가지고 있다. 우리는 시각과 촉각으로 재료의 독특한 질감을 전달받는다.

시각적인 재질감에는 빛의 명암이 개입한다. 유리의 반짝거림이나 가공대리석의 반들거림 등은 명암에 의해 나타나는 질감이다. 노출콘크리트의 투박하고 거친 표피, 울퉁불퉁한 감촉의 자연석, 차갑고 단단한 강철 등 재질감을 나타내는 말도 다양하지만, 이를 실제 건축에 표현하는 방법도 여러 가지다. 한 가지 재료로 질감 자체의 미를 살리기도 하고, 유사한 재료끼리 묶어서 재질감의 조화를 꾀하기도 한다. 같은 재료라도 마감을 달리해서 변화를 주거나, 돌이나 나무 등의 천연재료와 세라믹이나 금속 등의 인공재료를 대비시켜 상반된 재질감을 강조하기도 한다.

미스Ludwig Mies van der Rohe, 1886~1969의 판스워드 주택Farnsworth House은 고도로 절제된 재료의 사용으로 인해 디자인이 한층 돋보이는 건물로, "적은 것이 많은 것이다Less Is More"라는 말을 설파하며, 건축의 단순성을 추구했던 미스의 설계이념에 딱 들어맞는 건물이다. 투명한 유리 상자를 연상케 하는 이 주택은 그가 특히 애착을 가졌던 재료인 유리와 철만으로 이루어져 있다. 하얗게 칠해진 단 8개의 강철 기둥이 사방을 둘러 노출되어 있으며 외피는 유리로 뒤덮여 있다.

기둥의 흰 색채는 여름의 녹음과도 어울리고, 가을의 낙엽과도 어울리며 계절의 모든 색과 조화된다. 유리벽의 투명한 표피는 자연에

판스워드 주택, 미국 시카고, 1950, 미스 반 데어 로에

개방되어 주변경관을 여과 없이 내부로 흡수시키는 한편, 내부공간을 외부로 확장시켜 적극적으로 자연과 동화시키고 있다. 유리와 철이라는 인공재료가 자연과 대비되어 세련되고 극적인 조화를 이루고 있는 것이다. 이 주택은 단순함과 명쾌함으로 보는 이에게 시각적인 즐거움을 선사하지만, 거주자는 전혀 즐겁지 않았던 모양이다. 건축주 판스워드는 여름에는 너무 덥고 겨울에는 너무 추워 살 수 없다며, 미스에게 손해배상을 청구했다고 한다.

동일한 재료가 하루를 주기로 전혀 다른 재질감과 색채를 보여주는 건축물이 있다. 프랭크 게리의 구겐하임 빌바오 미술관이다. 이 건물은 3만개가 넘는 티타늄 박판薄板으로 온 몸을 휘감고 있는데, 비행

구겐하임 빌바오 미술관의 재질감, 프랭크 게리

기 외장재로 쓰이는 이 티타늄 조각들이 햇빛에 반사되어 시시각각 경이로운 광경을 연출한다. 일출에서 일몰까지 변해가는 태양광을 따라 건물도 옷을 바꿔 입는다. 황금색에서 은색으로, 또 붉은 색으로, 어떤 색의 빛을 비추든 그 색채로 변신한다. 명암으로 인해 그늘진 곳과 밝은 곳의 질감이 달라지고, 야간의 조명 아래서는 더욱 다채롭다.

악상기호와 음색

건축과 마찬가지로 음악에서도 다양한 방법으로 음색을 표현한다. 재료 자체의 질감을 살리듯이 악기 자체의 음색을 그대로 살리거나 서로 다른 음색의 악기를 결합시켜 대조의 효과를 노리는 것은 기본적인 방법이다. 때로는 같은 악기라도 그 악기를 다루는 연주자에 따라 음색이 다르게 느껴지기도 한다.

음의 세기에 변화를 주거나 주법奏法을 달리해서 연주하는 것은 건축에서 동일한 재료에 마감처리를 다르게 한 것과 같은 효과를 낸다. 똑같은 음을 세게Forte 연주할 때와 여리게Piano 연주할 때의 음색은 다르다. 또 바이올린을 예로 들면, 스타카토Staccato로 연주할 때와 피치카토Pizzicato로 연주할 때의 느낌도 전혀 다르다. 작곡자가 굴곡이 있는 풍부한 음색을 원할 경우에는 비브라토Vibrato를, 창백하고 담담한 음색을 원할 경우에는 비브라토 없이Non vibrato라는 악상기호로 특정한 음색을 요구하기도 한다.

음악의 악상기호를 떠올릴 때면, 세상에 이렇게 멋진 표현들이 있을까 하는 생각을 종종 해본다. 악상기호는 모두 이태리어로 되어 있는데, 하나같이 어감도 좋다. 물론 이 지시어들을 얼마나 잘 표현해 내는가는 건축가가 설계하고 기록한 것을 기술자들이 얼마나 잘 소화시키는가와 마찬가지로 연주자의 역량에 달려 있다. 아다지오Adagio는 느리고 여유롭게, 돌체Dolce는 부드럽게, 아마빌레Amabile는 사랑스럽게, 모모란도Momorando는 속삭이듯이, 칸타빌레Cantabile는 노래하듯이, 에스프레시보Espressivo는 풍부한 표정으로 등등.

누군지 기억나지 않지만, 어떤 건축가가 한 말이 생각난다. "건축가는 재료를 상상력으로 버무리고 숙성시켜 건축이라는 교향곡을 만드는 예술가다. 건축은 재료들의 관현악적 편성이다."라고. 강하게 강하게를 뜻하는 포르테 포르테, 떨듯이 연주하라는 기호인 비브라토는 어떤 건축재료의 질감과 닮아 있을까?

6악장

건축과 음악의 원리原理

반복

대조

교체交替

점이漸移

대칭

통일성과 다양성

위대한 건축은 측정할 수 없는 것에서 시작해
측정할 수 있는 설계과정을 통해 진행되어야 한다.
그리고 마지막에는
다시 측정할 수 없는 것으로 끝나야 한다.
– Louis. I. Khan

6악장

건축과 음악의 원리原理

모든 예술은 제각기 독자적인 구성요소를 가지고 있다. 구성요소는 하나의 예술작품을 이루는 데 꼭 필요한 개체들이다. 이 각각의 요소들은 여러 가지 법칙에 의해 다루어지게 되는데, 이 다루는 기본적인 수법을 원리라고 말할 수 있다.

앞 장에서는 음악의 요소에 대응하는 건축의 요소들을 추출해서 서로 비교해 보았다. 이 장에서는 두 예술의 원리를 비교하면서 그 유사점과 공통점을 찾아보려 한다. 건축과 음악에서 공통적으로 사용되는 주요원리로는 반복, 대조, 교체, 점증, 대칭, 비례 그리고 다양성과 통일성 등이 있다. 물론 이 외에 다른 원리도 있지만 대개는 이 원리들 안에서 다 설명되어진다. 이 중 비례는 책의 앞부분에서 어느 정도 다루어졌다고 생각되므로 그 외의 나머지 원리들에 대해서 간략하게 설명하고자 한다. 건축과 음악의 원리는 근본적으로 유사하며, 다만 시각과 청각, 그리고 공간과 시간이라는 특징의 차이만 보일 뿐이다.

반복

반복Repetition은 건축과 음악을 통틀어 가장 흔히 쓰이는 원리다. 반복의 원리는 어떤 부분을 강조하거나 질서를 주기 위해 쓰이는 수법으로 작품에 통일성을 부여하는 데 일조한다. 건축에서 반복의 원리는 구성요소의 반복, 형태의 반복, 넓이의 반복 등에 주로 쓰인다. 세밀하게는 선, 기둥, 창문, 벽, 명암, 공간, 재료의 반복 등 그 대상은 무궁무진하다.

반복의 방법에는 크게 두 가지 유형이 있다. 하나는 동일한 요소를 그대로 되풀이시키는 방법이고, 다른 하나는 서로 이질적인 요소들을 되풀이시키는 방법이다. 동일한 형태는 다른 간격으로 배치되더라도 질서를 가지며, 또 형태가 다르다 하더라도 같은 간격으로 배치되

동일한 요소의 반복-예술과 과학도시, 칼라트라바 & 칸델라

면 역시 질서감이 생긴다. 반복의 정도가 적으면 단조로워지고 반복의 정도가 많으면 건물의 표정이 활발해진다. 반복은 의식적인 노력 없이도 다음에 나타날 패턴을 상기시키기 때문에 쉽고 강하게 인지되는 장점이 있다.

음악에서 쓰이는 반복의 원리도 건축과 동일하다. 사실 반복의 원리가 사용되지 않는 음악은 없다고 보아야 할 것이다. 동기, 선율, 화성, 리듬 등의 구성요소를 반복시키거나 음형이나 주제 등을 반복시키는 것은 가장 간단한 수법이다. 드보르작A. Dvorák의 '유모레스크 Humoresque G♭ major'나 모짜르트의 '미뉴엣Menuet in D major'은 반복리듬의 묘미를 잘 살린 소품들이다. 두 곡 모두 간단한 리듬을 반복하는데, 이러한 계속적인 반복으로 인해 듣는 사람은 그 다음 부분을 쉽게 짐작할 수 있게 되며, 몇 번만 들어도 금방 친숙해진다.

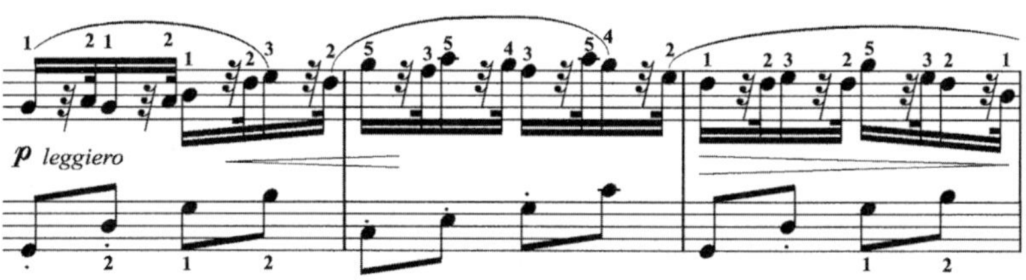

리듬의 규칙적인 반복-유모레스크, 드보르작

반복의 묘미를 더욱 확실하게 보여주는 음악이 베토벤의 7번 교향곡Symphony No.7 In A major, Op.92이다. 이 곡은 1악장부터 4악장에 이르기까지 반복으로 시작해 반복으로 끝나는, 그야말로 반복의 음악이다. 그것도 한 번만 들어도 귀에 쏙 들어올 명료한 형태의 리듬과 선율들이 얼마나 자주 되풀이되는지, 베토벤의 위트에 들을 때마다 절로 웃음이 난다. 특히 3악장의 지칠 줄 모르는 반복은 마치 "이 리듬을 외우지 않고는 못 배길걸"하며 베토벤이 반복주입식 학습을 시키는 느낌이다. 빠른 템포의 마지막 4악장에서는 자극적인 엇박자의 반복리듬이 듣는 사람을 흥분시키고 취하게 만든다. 베토벤과 동시대의 어떤 음악가는 이 곡을 듣고, 베토벤이 술에 취해 작곡한 것이 아닐까라고 말했다 한다.

"음악은 인간에게 영감을 불어넣어 새로운 차원으로 이끄는 포도주다. 그리고 나는 인류를 위해 영광스런 포도주를 빚어내는 바커스酒神, Bacchus다. 나는 영적인 술로 그들을 취하게 한다." 베토벤의 말처럼 이 곡의 지속적인 반복은 그가 우리를 취하게 만들 목적으로 빚은 포도주일지도 모르겠다는 생각이 든다.

대조

대조Contrast의 원리는 서로 상이한 요소를 대립시켜 각자의 특성을 살리면서도 전체 속에서 조화롭게 배치하는 수법이다. 건축에서 대조의 원리는 형태, 크기, 길이, 색채, 명암, 재질 등 모든 부분에 걸쳐 폭넓게 쓰인다. 밝은 것과 어두운 것, 거친 것과 부드러운 것, 많은 것과 적은 것처럼 서로 다른 자극을 대립시켜 역동성과 극적 감동을 유발시킨다. 반복과 마찬가지로 대조의 원리도 지속적으로 남발하게 되

벤츄리 하우스, 미국 펜실베이니아, 1962

면 그 효과가 감소한다. 이와 반대로 지나치게 고립시켜도 전체와의 연관성을 상실하게 된다. 반복과 대조의 원리뿐 아니라 어떤 원리든 전체와의 조화가 우선되어야 더욱 빛을 발하게 될 것이다. 벤츄리 Robert Venturi의 벤츄리 하우스Vanna Venturi House는 세부적인 요소를 간결하게 대립시키면서도 전체적으로는 균형과 조화를 잘 이뤄낸 작품이다.

음악에서 대조의 원리는 음의 높이, 음의 세기, 속도, 주제의 대조, 형식의 대조 등에 널리 쓰인다. 대조의 원리는 독립적으로 쓰이기도 하지만 반복원리와 결합해 복합적인 효과를 노리기도 한다. 반복과 대조가 함께 쓰일 때는 악기의 음색이나 조성에 변화를 주어 대조성을 강조하기도 한다. 반복과 대조의 혼용은 작곡기법 외에 음악형식에서도 빈번히 찾아볼 수 있다. 론도Rondo, 캐논Canon, 푸가Fugue, 변주곡

Variation, 소나타Sonata같은 악식樂式들이 모두 반복과 대조의 원리를 기초로 하고 있다. 이 중 론도형식과 소나타형식을 예로 들어 보자.

론도는 같은 주제를 계속 반복하면서 그 사이사이에 에피소드Episode라고 일컬어지는 대조적 요소를 삽입시킨 악곡이다. 다섯 부분으로 구성된 단순론도Simple Rondo형식은 A라는 동일주제와 B와 C라는 대조적 주제를 결합시켜 A-B-A-C-A라는 반복구조를 기본으로 한다. 여기에서 발전된 복합론도Compound Rondo형식은 A-B-A-C-A-B-A라는 좀 더 긴 구조를 취한다. 이렇게 5부분, 7부분으로 기본형식을 정해놓고 있지만, 사실 실제에서는 반복과 대조의 횟수가 무한하다.

소나타는 하나의 독립 악곡으로, 혹은 교향곡이나 협주곡의 첫 악장에서 주로 쓰이는 형식이다. 이 형식은 주제를 제시하는 제시부Exposition, 주제와 요소들을 발전시키는 전개부Development, 다시 처음의 주제가 등장하는 재현부Recaptitulation의 세 부분으로 구성되어 있다. 역시 A-B-A의 구조로 론도형식과 같이 반복과 대조로 이루어져 있다. 소나타형식의 가장 큰 특징은 주제의 대조에 있다. 처음의 제시부에서 보통 두 개의 주제가 등장하게 되는데, 이 두 주제는 그 성격이나 형태, 그리고 조성에서까지도 완벽한 대조를 이루게 된다.

대조의 기법이 훌륭하게 적용된 음악이 베토벤의 '엘리제를 위하여' 이다. 이 곡은 아마도 우리가 일상생활에서 가장 자주 듣게 되는 곡이 아닐까 한다. 차가 후진할 때나 상가의 출입문을 여닫을 때, 식당의 차임벨, 통화중 대기음, 인터폰의 호출음 등등, 가는 곳 어디서나 이 불후의 명곡이 흘러나온다. 이 곡이 이렇게 대중적으로 널리 쓰이게 된 이유는 누구에게나 아름답게 들리기 때문일 것이다. 물론 선율이 주는 아름다움도 있지만, 무엇보다도 이 음악의 매력은 주제 간의 대조에 있지 않나 생각한다. A-B-A의 3부형식으로 된 이 곡은 서정적이고 부드러운 선율 위주의 A부분과 화성적이고 격정적인 느낌을 주는 B부분이 강한 대조를 이루고 있다. 그러면서도 서로 이질적이지 않고 조화를 이루면서 완성도를 보여주는 곡이다.

교체

규칙적인 반복은 쉽게 인지되는 장점이 있지만, 단조로운 느낌이 없지 않다. 반복되는 요소 사이에 성격이 다른 요소를 교대로 섞어 넣거나 적절한 변화를 주게 되면, 표현은 더욱 다양하고 흥미로워진다. 특히 이 변화가 통일성을 갖추게 되면 감동은 더욱 커지는데 이를 교체Alternation, 혹은 교차交叉라고 한다.

교체는 반복과 비슷하지만 그렇다고 완전한 반복은 아니며, 대조와도 비슷하지만 뚜렷하게 대립적인 것도 아니다. 말하자면 반복과 대조를 융합시킨 중간쯤의 원리라고 할 수 있다. 하나씩, 둘씩, 혹은 한 줄씩 바뀌어가며 질서 있게 교차되는 요소들은 시각적인 흥미를 유발시키는데, 동일요소를 계속 반복시키는 것과는 또 다른 즐거움을 선사한다. 교체의 미를 잘 보여주는 건축물이 층층이 다른 양식의 기둥을 조화롭게 교체시킨 로마의 콜로세움이다.

음악에서도 교체의 원리는 곡에 변화와 다양성을 제공하는 효과

베키오 궁전, 피렌체, 1300년경, 캄비오

Sainte Chapelle 성당, 파리, 13세기

를 얻기 위해 주로 쓰인다. 고섹F.J.Gossec의 '가보트Gavotte'는 2부 형식으로 된 짧은 곡으로 이 곡의 1부에서는 간단한 세 가지 리듬유형이 교체되어 나타난다. 형식이나 주제의 단순성으로 인해 자칫하면 심심해질 수 있는 곡이지만, 교체의 원리가 적절히 쓰여져 오히려 흥미를 더하고 있다.

고섹의 가보트

경복궁 자경전의 꽃담

교체의 원리는 우리의 전통담장에서도 흔히 볼 수 있다. 우리의 전통담은 돌 하나라도 그냥 쌓는 법이 없다. 같은 돌이라도 크기를 달리하거나 모양을 달리해서 리드미컬하게 교체시킨다. 토석담은 돌과 흙, 기와 등의 다른 재료를 켜켜이 교대로 쌓아 만든 소박한 담장이다. 궁궐에서 주로 쓰이던 꽃담은 화려한 문양을 교차시켰으나, 결코 난하지 않고 그윽한 멋을 풍기는 담장이다. 우리 특유의 멋스러움이 스며 있는 전통담장은 아무리 보아도 싫증이 나지 않는다. 이것이 교체의 묘미가 아닐까 생각한다.

점이

점이漸移, Gradation는 하나의 성질이 단계적으로 옮아가는 상태, 즉 점차적으로 증가하거나 감소하는 것을 말한다. 건축에서 점이의 원리는 색이나 크기, 방향 등에서 주로 쓰인다. 점이는 반복, 교체와 마찬가지로 일정한 질서를 부여하지만 시각적으로 훨씬 발전적이고 힘찬 느낌을 준다.

점이의 원리는 탑이나 한옥의 처마 등 우리의 고전건축에서 흔히 찾아볼 수 있다. 우리의 탑들은 대부분 점진적인 리듬감을 형성하며 한 곳을 향해 나아간다. 넓게 시작해서 하나의 점으로 끝나는 탑의 형태는 불교의 신앙적 표현이기도 하다. 한옥의 처마는 어떤가? 기둥에서 시작해 처마 끝을 향해 곡선을 그리며 점차적으로 퍼져나간다. 특히 화려한 단청을 입힌 사찰의 처마는 점이의 원리를 그대로 보여주고 있다.

사족을 하나 붙이자면, 고건축 얘기를 할 때나 다른 나라를 여행할 때 항상 드는 생각이 우리 건축의 정체성에 대한 아쉬움이다. 우리의 전통건축은 세계 어디에 내 놓아도 뒤지지 않는 고유의 아름다움을 지니고 있다. 한 눈에 자신의 모습을 다 드러내 보이는 서양건축과는 달리 깊이와 품격이 있고, 멋스러우며, 그윽하기 이를 데 없다. 대체로 다른 나라를 여행하다보면, 그들만의 독특한 건축문화가 곳곳에 배어 있음을 체험하게 된다. 그 지역 풍토에 잘 어울리고 전통을 고스란히 품고 있는 건축물들이 잘 보존되어 있는 편이다. 이태리에서는 이태리의 집 냄새가, 터키에서는 터키의 집 냄새가 물씬 풍긴다. 어디라고 할

국보 6호 중앙탑, 통일신라시대, 충북 충주

단청을 입힌 사찰건축의 처마

것 없이 다른 나라들도 마찬가지다. 이에 비해 우리는 어떤가? 마치 동물원에 가야만 희귀동물을 만날 수 있듯이, 민속촌이나 사찰을 일부러 찾아야지만 우리의 건축을 만날 수 있다. 마을길도 넓히고 초가집도 없애고 하던 차에 우리 한옥들도 대부분 다 사라져버렸다. 전통한옥이 생활하기에 불편하다면, 개량한복처럼 지금의 생활에 맞게 적절히 개조할 수도 있을 텐데 말이다. 현대의 다양한 건축 재료들로 그 멋은 세련되게 살리면서도 편리한 생활공간을 제공하는 한옥이 많이 생겼으면 좋겠다는 생각을 해 본다.

점이의 원리는 서양건축에서도 쉽게 찾아볼 수 있는데, 호주 시드니의 오페라하우스가 대표적인 건축물이다. 보는 각도에 따라서 다양한 모습이 연출되는 이 오페라하우스는 점증 외에도 반복, 교체 등 여

시드니 오페라하우스

쥬빌리 교회, 이태리 로마, 2000, 마이어

러 다양한 원리가 적용된 형태미가 뛰어난 건축물이다. 마이어Richard Meier의 쥬빌리 교회Jubilee Church도 역시 일련의 유사성을 가진 개체가 점진적으로 크기를 변화시켜 나가면서 건물의 형태에 활동적인 리듬을 부여하고 있다. 쥬빌리 교회는 곡선과 직선의 대조가 특히 돋보이는 건축물이다.

음악에서 점이의 원리는 무척 다양하게 표현되며, 그 효과는 건축과 동일하다. 소리를 점점 크게 하라는 뜻의 크레센도Crescendo, 반대로 점점 약하게 하라는 뜻의 데크레센도Decrescendo와 같은 악상기호들은 모두 점이의 효과를 얻기 위해 사용되는 기호들이다. 점점 느리게의 리타르단도Ritardando와 점점 빠르게의 아첼레란도Accelerando도 역시 속도를 통해서 점이의 효과를 나타낸다.

결혼식장에서 자주 듣게 되는 멘델스존의 결혼행진곡에서는 음의 수를 점차 확대시켜 음향을 키워나간다. 이와는 다르게 베토벤의 1번 교향곡Symphony No.1 in C major, Op.21에서는 리듬을 키워나가는 방법을 쓰고 있다. 이 곡의 마지막 악장인 4악장의 시작부분은 마지막의 일곱 개 음에 도달할 때까지 점차적으로 한 음씩 증가되고 있다. 굳이 음악을 들어보지 않아도 리듬의 힘이 갈수록 강해질 것임을 짐작할 수 있다.

멘델스존이나 베토벤의 예처럼 음의 수를 점차적으로 증가시키거

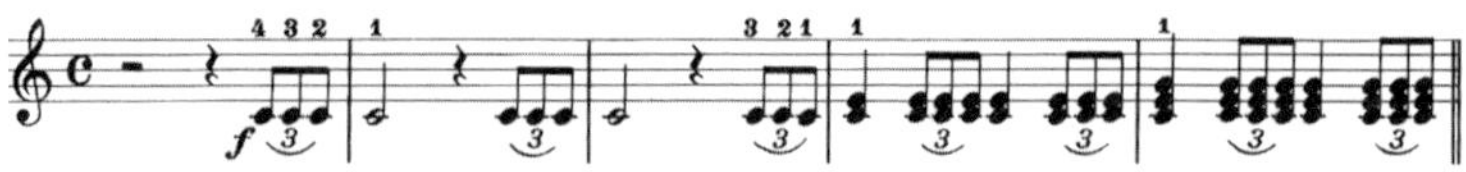

멘델스존 결혼행진곡 도입부

베토벤 교향곡 1번 4악장 도입부

나 감소시키는 방법도 있지만, 악기의 수를 늘리거나 줄이면서 음향을 증폭, 혹은 감소시켜 나가는 방법도 있다. 하이든의 고별교향곡 Symphony No.45 in f# minor Farewell은 악기의 수를 점차 줄여가는 방법으로 점이의 원리를 보여준다. 이 곡의 연주 중에 마지막 악장에 이르면, 오케스트라의 단원들이 파트별로 차례로 퇴장한다. 결국 마지막에는 바이올린 연주자 두 사람만이 쓸쓸히 남아 약한 소리로 연주를 마친다. 고별이라는 이름과 다르게 이 부분에 이르면 어김없이 청중들의 웃음소리와 웅성거림이 터져 나온다. 이 곡은 그 자체가 하나의 커다란 데크레센도다.

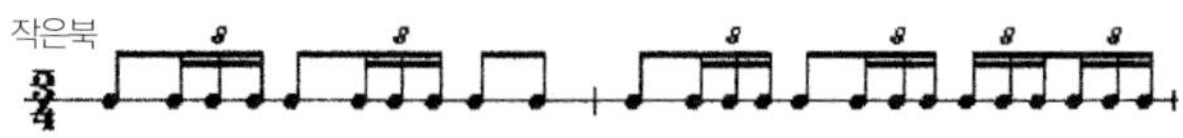

볼레로의 리듬

이와는 반대로 라벨Joseph Maurice Ravel의 볼레로Bolero는 악기들을 점차 합류시키면서 음악의 규모를 키워나간다. 처음에 작은 북의 약한 소리로 시작하는 이 곡은 마지막의 몇 마디를 제외하고는 줄곧 한 가지의 멜로디와 하나의 리듬만을 되풀이한다. 두 마디로 된 짧은 리듬이 약 15분의 연주시간 동안 무려 170회 가까이나 똑같이 반복된다. 그런데도 전혀 지루하게 들리지 않고 음악이 진행될수록 점점 흥미진진해지는 이유는 악기의 점증적인 편성 때문이다. 시간이 흐를수록 악기에 악기가 더해지는 이 곡은 하이든의 경우와는 대조적으로 음악 자체가 커다란 크레센도인 셈이다.

대칭

일반적으로 대칭Symmetry이란 말과 균형Balance이라는 말을 혼동해서 쓰는 경우가 있는데, 균형은 저울의 원리와 같이 추를 중심으로 양쪽이 동등한 힘을 유지하는 상태를 말한다. 말하자면, 힘의 상호보완을 의미하며, 꼭 형태가 같지 않아도 균형은 이루어진다. 이에 비해 대칭은 동일한 형태가 상하, 또는 좌우로 똑같이 배치되어 있는 상태, 즉 형태의 완전한 일치를 의미한다. 대칭은 안정감과 통일감을 나타내기 위해 예로부터 자주 쓰이는 원리로, 사람을 비롯해 곤충이나 식물 등 자연계에서 흔하게 찾아볼 수 있다.

대칭은 완벽한 균형감을 부여하는 데 효과적이지만 단순하고 경직된 속성도 가지고 있어 자칫하면 변화 없는 무표정한 느낌을 주게 된다. 또한 똑같이 대칭의 원리가 적용되었다 하더라도 그 방법에 따라 어떤 건물은 안정적으로 보이고, 어떤 건물은 불안정하게 보이기도 한다. 따라서 대칭되는 요소의 배치방법, 크기, 높이 등을 알맞게 조절하여 시각적으로 쾌적함을 줄 수 있는 대칭이 되도록 하는 것이 무엇보다 중요하다.

대칭은 그 기법에 따라 선線대칭, 이동대칭, 방사放射대칭, 확대대칭으로 구분된다. 이 중에서 건축과 음악에서 가장 많이 쓰이는 것은 선대칭 기법이다. 선대칭은 하나의 축을 중심으로 상하, 또는 좌우를 동일하게 배치시키는 방법으로, 도화지의 한쪽 면에 물감을 바르고 반으로 접었다 펴면 똑같은 그림이 생기는 데칼코마니Decalcomanie와 같은 것이다.

선대칭

선대칭은 형태에 따라 다시 세 가지로 분류된다. 피라미드, 파르테논 신전, 그리고 인도의 타지마할 영묘와 같이 좌우에 비해 중심이 높은 형태를 중고형中高型대칭이라고 한다. 중심에 강력한 축이 존재하는 중고형의 건축물은 시각적으로 집중을 이끌어내기 쉬우며, 대부분 장엄한 느낌을 준다. 위엄이 서린 형태감으로 인해 상징적인 건축물이나 종교건축에 주로 쓰이는 기법이다.

파리의 노트르담 성당처럼 중심이 낮고, 이에 비해 양측이 높은 형태는 양고兩高型형 대칭이라고 한다. 양고형은 중고형에 비해 훨씬 안정적이고 평온한 느낌을 주는데, 대체로 중세의 고딕사원들이 이런 형태를 띠고 있다. 그리고 이 두 가지 형태를 병용한 중고양고혼합형

타지마할 영묘, 인도 아그라, 1654

노트르담 성당, 프랑스, 1345

샹보르 성, 프랑스, 1519

은 두 대칭기법의 장점인 장엄함과 안정감을 동시에 겸비하고 있는 것이 특징이다. 샹보르Chambord 성의 형태에서 보듯이 중앙에 큰 축을 두면서 좌우에도 작은 돔이나 박공을 둔 형태로 중세의 성이나 궁전에서 자주 볼 수 있다.

음악에서 선대칭은 어떤 식으로 표현될까? 우선 음악형식의 구조적인 측면에서 찾아볼 수 있다. 가장 작은 음악형식인 세도막형식Three Part form, 그리고 소나타Sonata형식은 A-B-A의 구조로 되어 있는데, 두 형식 모두 B를 축으로 A가 좌우로 대칭되어 있다. 또한 A-B-A-C-A-B-A의 구조를 가진 복합론도형식도 가운데 C를 축으로 A-B-A라는 구조가 대칭적으로 배치된 형식이다.

또한 악상기호를 이용해 소리나 속도를 대칭시키는 방법도 자주 쓰인다. 작은 소리로 시작해 중심으로 갈수록 강해지고 다시 점점 소리를 줄여간다거나, 이와 반대로 강하게 시작해 여려졌다가 다시 강하게 끝맺는 수법은 소리의 세기를 대칭시킨 것이다. 힘의 세기를 중심에 둔 앞의 경우는 건축의 중고형 대칭에, 양측에 둔 뒤의 경우는 양고형 대칭에 해당한다. 이런 식으로 힘의 세기를 조절해 중고양고혼합형도 얼마든지 만들 수 있다. 음의 세기뿐만 아니라 느리게 빠르게 느리게, 혹은 빠르게 느리게 빠르게와 같이 속도를 대칭시키기도 한다.

점점 크게 - 특히 세게 - 점점 여리게　　점점 여리게 - 아주 약하게 - 점점 크게

선대칭은 음악의 악보상에서 더욱 구체적으로 표현된다. 물론 이는 악보에서 뿐 아니라 실제 연주에서도 균형감 있는 대칭의 효과를 누리기 위한 것이다. 〈A〉와 같이 똑같은 형태의 선율을 좌우로 대칭시키거나 〈B〉와 같이 화성을 상하로 대칭시키는 방법은 너무나도 흔한 수법이다.

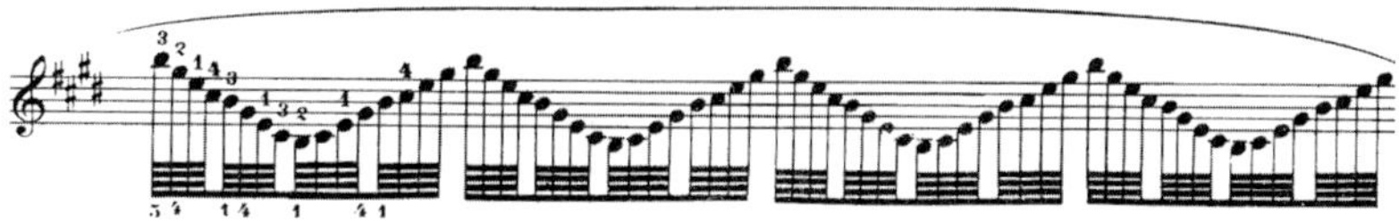

A

B

다음의 베토벤의 피아노곡에서는 상하의 대칭이 더욱 극명하게 드러나는데, 마치 아래 위의 선율이 거울에 비친 듯 그대로 투영되어 있다. 이 곡에는 상하대칭뿐 아니라 좌우대칭, 확대대칭도 함께 쓰였는데, 아래 위의 선율을 따라 선을 그어보면 재미있는 시각적 형태가 나온다. 어떤 작곡가들은 완전한 대칭을 이루는 나비나 곤충의 모양을 그대로 본 따 음을 배열하기도 한다.

32개의 변주곡 중 3번째 곡, 베토벤

이동대칭

이동대칭은 도형을 뒤집거나 반사시키지 않고 그 모양 그대로 일정한 방향으로 이동시키는 대칭기법이다. 선대칭이 좌우, 또는 아래위로 뒤집기라면 이동대칭은 다른 방향으로 미끄러뜨리기인 셈이다. 같은 것을 그대로 옮겨놓는다는 점에서 보면, 일종의 반복에 의한 대칭기법이라고도 할 수 있다. 그러나 똑같은 것을 연속하는 반복에 비하면 이동대칭은 단발성이 강하며, 또한 위치에 변화가 생긴다는 점에서 반복과는 차이가 있다.

평균율곡집 중 전주곡 7번, 바흐

대학 생명보험회사, 미국, 1971, 케빈 로치

음악에서 이동대칭은 푸가형식의 곡들에서 자주 나타난다. 선율이나 주제를 상하, 좌우로 자유롭게 이동시키는 방법은 푸가기법의 특징이기도 하다. 특히 푸가의 대가로 불리는 바흐의 곡에서 유난히 자주 보이는데, 푸가뿐 아니라 이를 응용한 전주곡Prelude, 인벤션 등 그의 대부분의 곡들에서 이동대칭의 형태를 찾아볼 수 있다.

방사대칭과 확대대칭

선대칭이 선을 축으로 해서 물체를 대칭시키는 것이라면, 방사대칭은 하나의 점을 중심으로 형태를 회전시키는 방법이다. 말하자면, 점에서 시작해 주위를 향해 번져나가는 대칭으로, 해파리나 불가사리 같은 생물체에서 흔히 볼 수 있다. 다른 말로 점대칭, 혹은 회전대칭

방사대칭–성 베드로 성당의 광장, 바티칸

이라고도 하며, 대부분의 돔형식의 건축물들이 이런 형태를 취하고 있다.

방사대칭의 미를 잘 보여주는 곳이 바티칸의 성 베드로 광장과 프랑스의 파리 중심가다. 특히 개선문과 함께 파리에서 가장 유명한 장소라고 할 수 있는 샤를 드골Charles de Gaulle 광장은 방사형태로 인해 일명 에뜨왈Etoile(별, 방사형의)광장으로 불리기도 한다. 샹젤리제를 비롯한 12대로가 이 광장을 중심축으로 뻗어나가는데, 에펠탑에서 바라보는 그 광경이 참으로 인상적이다.

확대대칭은 말 그대로 하나의 형태를 일정한 비율로 확대시켜 나가는 대칭기법이다. 뒤집기, 미끄러뜨리기 식으로 말하자면, 방사대칭은 돌리기, 확대대칭은 넓히기 쯤 될까? 선대칭과 이동대칭은 안정적이기는 하지만 활동성이 결여되어 있어 다분히 정적인 이미지가 강하다. 이에 비해 방사대칭과 확대대칭은 동작이 연속으로 이루어지기 때문에 훨씬 활발하고 역동적인 느낌을 준다. 음악에서도 확대대칭의 예는 무수히 많은데, 앞의 예에서도 보았듯이 특히 베토벤이 이러한 대칭기법을 자주 썼던 작곡가다.

확대대칭의 예

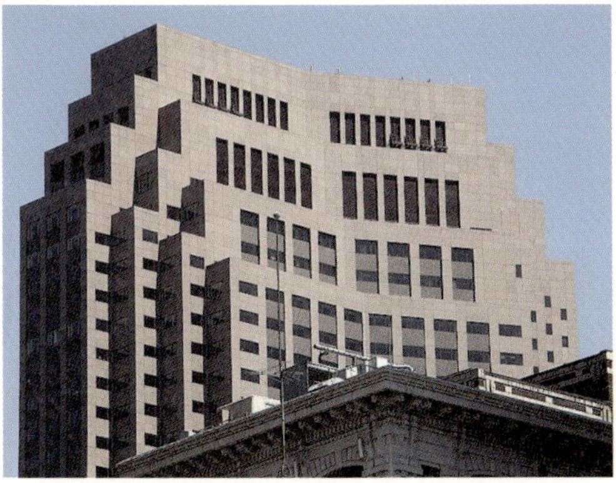

확대대칭-BP 아메리카 본사, 교 오바타&호크

Jewel Box, 미국 St. Louis

통일성과 다양성

인간의 본성 중에는 복잡한 것을 하나의 큰 전체로 통일시키려는 경향이 있다. 물론 이러한 본성은 자연에서 기인하는 것이다. 자연계에는 제 멋대로 홀로 존재하는 것은 없으며, 모두 하나의 큰 전체 속에서 질서와 조화를 이루고 있다. 우리는 자연에서 본능적으로 체득한 이러한 통일성에 의해 정서적인 안정감을 느낀다.

마찬가지로 하나의 예술작품이 완성되기 위해서는 전체적으로 통일성Unity을 추구하는 가운데 그 속에 다양성Variety이 필연적으로 수반되어야 한다. 이 두 원리는 꼭 건축과 음악에만 국한된 것은 아니며, 모든 예술의 가장 기본적인 원리라고 할 수 있다. 통일성은 조

경복궁 경회루–수평, 수직, 사선, 곡선의 다양한 요소들의 통일성

통일성과 다양성의 조화-Gwathmey Residence, 미국, 1967, 과스미

화Harmony라는 말과, 다양성은 변화Variation라는 말과도 일맥상통한다.

통일성과 다양성은 작품을 구성하는 두 개의 큰 축이자 상반된 힘이다. 어떤 작품이든 부분과 부분, 그리고 부분과 전체 사이에 결속력이 있어야 한다. 아무리 잘 만들어진 부분이라도 전체와의 연관성이 결여되면 홀로 돌출되어 의외적인 느낌을 주게 된다. 어떤 요소들이 끊임없이 반복만을 되풀이한다면 단조롭고 진부한 느낌을 주게 되며, 또 끊임없이 변화하기만 해도 안정감을 잃어버리게 된다. 결국 반복, 대조, 교체, 점증, 대칭 등의 다양한 원리들은 통일성이라는 큰 틀 안에서 서로 적절히 다투거나 조화를 이룰 때 더욱 빛을 발하게 되는 것이다.

그러나 이 적절한 짜임새라는 것이 쉽지만은 않다. 일관성을 주기 위해 통일성에만 너무 치중하다 보면 다양성이 부족하게 되고, 또 지나치게 다양성에 비중을 두게 되면 산만하고 복잡해진다. 이 상충되는 두 힘을 얼마나 적절히 잘 융합시키는가 하는 것이 작품의 완성도를 가늠하는 관건이 된다.

선율, 리듬, 화성, 음색, 그리고 음의 세기, 속도 등의 다채로운 요소들이 잘 결합되어서 훌륭한 통일성을 이루는 음악을 들으면 참 멋있구나 하는 생각을 하게 된다. 건축의 경우도 다르지 않다. 전체적으로 통일성을 추구하는 가운데 저마다의 개체들이 다양성을 드러낼 수 있을 때 우리는 그 건축물에 감동하는 것이다.

7악장

건축과 음악의 감상에 대한 소견

예술은 무엇일까?
예술이란 인간 내면의 깊은 곳에서 끓어오르는
강인한 에너지와 혼을 작품에 투영시키는 행위라고 생각한다.
가끔 우리를 감동시키는 음악들을 만나게 된다.
바로 뜨거운 예술혼이 스며 있는 음악이다.
그 혼은 작품을 만든 작곡자가 불어넣기도,
말 그대로 혼신을 다해 연주자가 불어넣기도 한다.
우리는 그런 음악에 반응한다. 때로는 환희에 찬 기쁨으로,
때로는 깊이를 알 수 없는 슬픔으로.
건축도 마찬가지다. 하나의 건축물이 예술작품이 되려면,
거기에 작가의 감정과 영혼이 깃들어 있어야 한다.
그런 건축이라야만 비로소 예술이 되며, 우리를 사로잡을 수 있다.
작가의 예술혼이 승화시킨 작품은 감상자와 깊이 연결되어
전율과 감응을 불러일으킨다.

– 건축의 노래 저자

7악장

건축과 음악의 감상에 대한 소견

감상感想, Appreciation을 뜻 그대로 풀이하면 마음으로 느끼는 생각을 말한다. 이런 의미에서 보면 예술 감상은 작품에 스며있는 내용이나 미적가치를 마음으로 체험하는 일이라 할 수 있다. 예술품을 감상할 때는 직접 귀로 듣고, 눈으로 보며 이해하는 것도 필요하지만 무엇보다 마음으로 다가가 즐기고 음미하는 것이 중요하다.

작품을 창조하는 일은 능동적인 일이지만 예술의 감상은 수동적인 받아들임이다. 그러나 작품의 의미를 재해석해서 새로이 발견한다는 점에서 보면 감상도 일종의 창조행위라고 볼 수 있다. 그렇다면 어떻게 받아들이는 것이 이상적인 감상법일까?

감상의 방법에는 여러 가지가 있지만 일반적으로 다음의 몇 가지로 나누어 볼 수 있다. 하나는 작품을 객관적으로 포착하는 분석적 감상법이고, 다른 하나는 온전히 주관적인 느낌만으로 접근하는 방법이다. 여기에 한 가지를 더 덧붙이자면 작가의 의도에 맞추어 감상하는 방법도 있겠다. 물론 이 세 가지를 적절히 결합시키는 것이 가장 이상적이겠지만, 이것은 어디까지나 일반적인 얘기다. 예술에 대한 개인의 지식, 이해, 경험의 폭이 천차만별이기도 하거니와, 어느 정도 감상을 하다 보면 특별히 선호하는 방법이 따로 생기기 마련이다. 사실 감상법에는 정도定道가 따로 없으며, 어떤 부분에 초점을 맞추느냐 하는 것은 순전히 개인이 선택할 몫이 아닐까 생각한다.

분석적인 감상이란 건축의 경우 건축가, 건축물의 건립배경, 지역성, 건축물의 형식과 규모를 따지는 것으로부터 시작한다. 대지와 건물의 배치방법에 대해서 분석하고 입면, 평면, 공간은 어떻게 구성되었는지 파악한다. 어떤 구조로 이루어져 있는지, 또 사용된 재료의 종류는 무엇인지에 대해서도 살펴본다. 건축물의 형태분석과 동선의 흐름을 파악하는 것도 중요하며, 어떤 구성요소와 원리들이 들어 있는지에 대해서도 따져본다. 마지막으로 얼마나 조화를 잘 이루고 있는지 비례, 균형감, 통일감 등도 분석하게 된다.

음악의 경우도 이와 다르지 않다. 우선 음악가와 역사적 배경, 곡의 장르를 살피고 규모, 구조 등을 파악한다. 조성, 리듬, 멜로디, 화성은 어떻게 구성되어 있는지, 또 어떤 악기들이 쓰였는지에 대해서도 차례대로 분석해나간다. 다른 음악가의 성향과 어떻게 다른지 비교하고, 연주자의 기량도 객관적인 잣대로 평가한다. 건축에 비해 음악 감상자들 중에는 전공자 이상으로 음악에 대한 안목과 식견이 뛰어난 사람들이 많은 것 같다. 자신의 지식을 총동원해 분석적인 측면에서 감상문을 피력해 놓은 걸 보면 혀를 내두를 때가 종종 있다.

이에 비해 주관적 감상은 무엇보다 개인의 느낌이 깊이 개입된다. 다른 사람의 의견이나 논리적인 분석법에 구애받지 않고 지극히 개인적인 느낌에 의존하는 것이다. 그러나 개인적인 느낌이란 것도 사실은 자신의 경험과 지식을 바탕으로 한다는 점을 감안하면, 분석적인 측면도 어느 정도 합세한다고 보아야 할 것이다. 같은 곡이라도 연주자에 따라 해석과 표현이 달라지듯이 감상자의 경험과 지적역량에 따라 받아들임의 정도가 달라지는 것이다.

나와 절친한 친구 중에 특히 음악을 좋아하는 한 친구가 있다. 생각해 보니, 둘 다 음악을 좋아한다는 공통점 때문에 급속도로 친해진 것 같기도 하다. 한때는 둘이 만나기만 하면 누가 먼저랄 것도 없이 서로 좋아하는 음반을 가져와 같이 듣곤 했는데, 우리가 즐겨했던 감상법은 자칭 '절대 묻지 마!' 감상법이다. 그 동안 알게 모르게 젖어있던 분석적인 감상법에서 탈피한 우리만의 감상놀이라고나 할까?

처음엔 자신은 잘 알지만 상대방은 모르는 음악부터 시작했는데, 나중에는 둘 다 처음 듣는 음악을 같이 감상하며 이 놀이에 푹 빠지게 되었다. 마치 모든 음악을 섭렵하기라도 할 양으로 클래식에서 제3세계 음악까지 장르에 차별을 두지 않았을 뿐 아니라, 오히려 낯설고 이질적인 음악일수록 더 환영받았던 것 같다.

음악에 대한 지식이 전혀 없는 상태로 일단 끝까지 들어본다. 제목이 무엇인지, 가수가 누군지, 가사의 내용이 무엇인지 알 수도 없지만, 알려고 하지도 않는다. 우리가 쓸 수 있는 감상도구는 자신의 느낌과 집중력, 그리고 과감한 상상력을 발휘하는 것이 전부다. 음악을 다 듣고 나면 약간 흥분된 마음과 호기심 어린 눈빛으로 서로의 느낌을 교환한다. 기쁨, 쓸쓸함, 애절함과 같은 음악이 전해주는 막연한 분위기를 비롯해 주제나 내용, 음악의 특징, 연주자의 느낌 등, 그 음악에서 전달받은 것들을 마구 끄집어내놓는다. 얘기를 나누다 보면 같은 음악을 듣고 이렇게 느낌이 다른가 하고 생각할 때도 간혹 있지만, 대체적으로는 일치된 느낌에 놀라워하는 일이 더 많았다. 이런 식으로 서로의 느낌을 공유하며 음악을 다시 한 번 더 들어보면, 또 색다르고 풍부한 느낌으로 다가온다. 참 재미있고 맛깔 나는 감상경험이었다.

또 언젠가는 오랜만에 만나는 지인을 방문하면서 빈손으로 가기가 뭣해 평소 즐겨 듣던 러시아, 북유럽, 남미음악 CD를 몇 장 선물로 가져간 적이 있다. 그로서는 처음 보는 생소한 음악이라며 같이 들어보자고 한다. 알 수 없는 가사와 멜로디가 흘러나오자마자 질문이 쏟아지기 시작한다. 어느 나라의 어느 가수가 부른 노랜지, 제목의 뜻은 무언지, 무슨 내용이며, 어떤 의미가 담긴 곡인지 질문이 끝도 없다. "아무 생각 말고 그냥 한 번 들어봐요. 음악에 온 몸을 맡기고 어떤 느낌인지, 뭘 말하려고 하는지 직접 부딪혀보는 것도 재미있답니다."

최근에 미술인들이 모인 어느 사석에 참석할 일이 생겼다. 그 자리에서 미술의 감상에 관련해 큐레이터의 작품해석에 대한 작은 토론이 벌어졌다. 이런저런 얘기가 오가던 중, 노장의 화가 한 분이 이런 말씀을 하신다. "미술과 음악은 언어가 끝나는 시점에서부터 시작합니다. 우리는 그저 감동하기만 하면 되는데, 거기에 무슨 말이 더 필요합니까?" 공감이 가는 얘기다.

예술을 감상할 때, 그 작품이 무엇을 전달하려고 하는지 작가의 의도나 내용을 이해하지 못하면 사람들은 몹시 초조해한다. 그러나 건축과 음악을 감상함에 있어서 꼭 분석적이어야 한다거나 작가의 의도대로 감상할 필요는 없을 것 같다. 감상의 본질은 노 화백의 말처럼 감동하기 위한 것이다. 예술에 대한 전문적인 소양이나 지식은 그다지 중요하지 않을 수도 있다. 물론 탄탄한 지식이 기반이 되어 있다면 작품에 심취하는 데 무척 도움이 되는 것은 사실이지만, 오히려 그 지식이 상상력을 이끌어내는 데 방해가 될 때도 있다. 음악과 건축의 기초지식 정도만 숙지하고 있어도 감상하는 데 전혀 지장이 없으며, 그것만으로도 감상의 훌륭한 출발점이 된다.

이 음악이, 이 건축물이 나에게 무엇을 말하려 하는지 우선 마음의 귀로 듣고, 마음의 눈으로 바라보는 것이 중요하다. 마치 살아있는 사람을 대하듯이 작품과 감상자가 서로 교감하며, 그 자체를 그대로 느껴보는 것은 더없이 훌륭한 감상법이다. 그 작품의 매력과 특징을 자신이 몸소 탐험해나가는 과정은 숨은 그림 찾기처럼 참으로 흥미로운 여정이며, 건축가나 음악가의 의도를 파악하거나 작품을 분석하는 일은 그 후에 이루어져도 무방하다. 바라보며, 그 안을 돌아다니며 나의 감각을 건물에 맡겨보자. 각자 나름의 느낌으로 막연하게나마 건물이 들려주는 음악소리에 귀를 기울이면서…

8악장

내가 좋아하는 건축가 '르 꼬르뷔지에'

잔느레에서 르 꼬르뷔지에로

음악적 건축언어

음악으로 풀어본 건축의 해석

르 꼬르뷔지에의 작품목록

건축은 기능성과 편리함을 추구하는 실용적인 측면보다
한 차원 높은 의도를 갖고 있다.
건축은 우리에게 활력과 기쁨을 주는 일이며,
건축가가 서정성을 표현하고 싶어 하는
창조의 순간에 일어나는 일이다.
– Le Corbusier

8악장

내가 좋아하는 건축가 '르 꼬르뷔지에'

지금은 사용되지 않지만 스위스의 가장 작은 지폐단위인 10프랑Swiss Franc에는 이 이야기의 주인공 르 꼬르뷔지에가 새겨져 있다. 주로 프랑스에서 건축가로 활동했지만, 그의 나라 스위스는 그를 영웅이자 위인으로 추앙하고 있다.

건축전공자라면 아마 책에서 가장 자주 만나게 되는 건축가가 르 꼬르뷔지에가 아닐까 생각한다. 르 꼬르뷔지에는 미스 반 데어 로에Ludwig Mies Van der Rohe, 프랭크 로이드 라이트Frank Lloyd Wright, 발터 그로피우스Walter Gropius와 함께 근대건축의 4대 거장으로 불린다. 각자 독특한 예술관과 작품성을 지닌 거장들이지만, 르 꼬르뷔지에는 이 중에서도 단연 독보적이며, 늘 선두에 있는 인물이다.

건축가 르 꼬르뷔지에를 말할 때, 우리는 일반적으로 합리적, 기계적, 기능적이라는 단어를 먼저 떠올린다. 그는 "건축은 거주하기 위한 기계Machine Habiter다."라는 유명한 말을 남기며, 기능성과 효율

성을 중시한 건축가로 알려져 있다. 또한 상자형의 주택이 난무하는 지금의 삭막한 도시를 만든 장본인이라는 질책도 한다. 그러나 그것은 우리의 크나큰 오해다. 그의 냉철한 합리주의나 기능주의의 배면에는 누구보다 뜨거운 총체적인 예술성이 깃들어 있기 때문이다.

르 꼬르뷔지에는 사실 체계적으로 건축을 공부한 사람은 아니다. 오히려 그것이 그의 건축을 더 자유롭게 만든 이유일지도 모른다. 그는 예술가이자 사상가였으며, 시인이자 문필가, 화가이자 건축가였다. 한 마디로 르네상스의 레오나르도 다빈치처럼 종합예술가의 표본이라 할만하다. 그는 음악에도 무척 조예가 깊었다. 그의 음악은 시간 속에서가 아니라 공간 속에서 빛을 발한다. 리듬, 시간성, 음향, 특정한 악기의 모양과 같은 다양한 음악적 요소들이 그의 작품 속에서 펼쳐지고 있다. 이런 이유에서 그의 건축을 '시공간의 연속체에 전개되는 음악 The Space-Time Continium' 이라고 말하기도 한다. 그가 건축을 선택했고, 그 속에서 모든 예술의 통합을 평생의 목표로 삼았지만, 사실 어떤 재능이 가장 탁월했는지는 판가름하기가 쉽지 않다.

르 꼬르뷔지에는 근대건축의 위대한 선언자로, 현대건축의 가교 역할을 한 인물로 일컬어진다. 지금까지 수많은 사람들이 그에 관한 다양한 연구를 지속적으로 해 오고 있으나, 그 내용은 주로 작품의 조형특성과 장식, 비례, 그리고 건축에 끼친 영향에 관한 것들이 대부분이다. 이 많은 연구들 중에 그의 작품을 음악으로 접근해 다룬 연구나 책은 찾아보기 힘들다. 간혹 눈에 띄긴 하지만 지극히 단편적이고, 어떤 것은 희미한 단서만 제공하고 있을 뿐이다. 이런 연유에서 미흡하나마 그의 작품을 음악으로 접근해 해석해 보고자 한다.

이 장章에서는 먼저 건축가 르 꼬르뷔지에가 탄생하게 된 배경을 알아보기 위해 유년기부터의 행로를 살펴보게 된다. 다음으로 그의 건축사상과 철학이 함축되어 있는 건축언어에 대해서 다루게 된다. 르 꼬르뷔지에는 수많은 건축언어를 탄생시킨 건축가지만, 여기서 다룰 건축언어는 다분히 음악적인 속성을 가진 것들만 추출한 것이다. 그리고 르 꼬르뷔지에의 후기 작품 중 의미 깊은 세 작품을 선정해 그 건축물들에 어떤 음악적인 내용이 숨어 있는지 해석해 나갈 것이다. 마지막으로는 르 꼬르뷔지에의 건축물에 대한 참고자료로 그의 작품목록을 명시했다.

그는 생을 마감하게 되는 1965년까지 300여 건이 넘는 작품들을 계획했는데, 이 가운데에는 대규모의 도시계획도 상당부분을 차지한다. 이 계획안들 중에 작품으로 실현된 안은 100여 건 정도 된다. 실현되지 못한 계획안과 저술서까지 포함하면 실로 방대한 목록이 되겠지만, 여기서는 대표적인 건축작품만을 간추렸다.

쟌느레에서 르 꼬르뷔지에로

르 꼬르뷔지에의 본명은 샤를 에드와르 쟌느레Charles Eduard Jeanneret다. 르 꼬르뷔지에Le Corbusier란 이름은 화가 오장팡, 시인 데르메와 함께 1920년에 창간한 예술잡지 에스프리누보L' Esprit Nouveau에 필명으로 쓰면서 시작된 이름이다. 오장팡은 할머니의 이름인 소니에를 선택했고, 쟌느레는 외가 쪽 조상 중 한 사람인 르 코르베지에Le corbesier를 약간 변형해서 사용했다. 그는 이 이름을 곧잘 까마귀(르 꼬르보)에 비유하면서 그림을 그리거나 장난을 치기 좋아했다고 한다. 그는 33세 때부터 이 이름을 쓰기 시작하여 죽을 때까지 줄곧 이 이름만 사용했다.

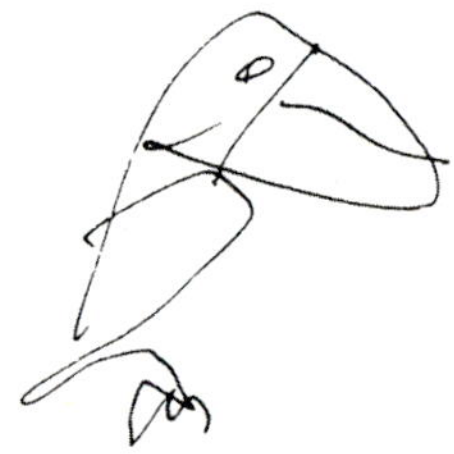

르 꼬르뷔지에의 까마귀 스케치

쟌느레의 탄생과 성장과정

쟌느레는 1887년 10월 6일 스위스의 느샤텔Neuchatel 주州에 있는 라쇼드퐁La Chaux de Fonds이란 곳에서 태어났다. 라쇼드퐁은 프랑스에 인접한 국경지역으로 쥐라Jura산맥의 자락에 위치한 작은 도시다. 이곳은 해발 1,000m나 되는 험준한 곳으로 18세기부터 정밀시계산업의 세계적인 중심지이기도 하다.

잔느레는 스위스의 전형적인 중산층 출신으로 아버지와 할아버지는 시계 문자판의 도안가였고, 어머니는 피아노에 능숙한 음악교사였다. 청교도적인 성향의 그의 어머니는 가족의 문화적, 예술적 분위기를 이끌었다. 그의 형 아르베르는 어머니의 영향을 받아 작곡가가 되었으나, 그는 음악보다는 그림에 천부적인 재능을 보였다.

잔느레는 14세에 아버지의 직업이었던 시계문자판 도안을 배우기 위해 라쇼드퐁의 장식미술학교Ecole d' art에 입학한다. 이 학교는 그 후 17년 동안 학생으로, 또 교사로서 그의 교육의 근거지가 되었다. 그는 여기서 장차 건축가로서의 초기과정에 지대한 영향을 끼치게 되는 스승 레플라트니에Charles L' Eplattenier를 만나게 된다. 일 년의 반은 눈 속에 파묻히는 라쇼드퐁의 험준한 자연환경, 가족들의 음악적인 분위기, 미술에 대한 어린 잔느레의 열정, 그리고 자신이 유일하게 스승이라 불렀던 레플라트니에는 그의 인생 전반에 걸쳐 깊이 자리매김하고 있다.

레플라트니에는 식물학자였으며 고대예술에도 관심이 많았다. 그는 자신의 지식을 통해 자연과 예술에 대한 감각을 제자들에게 심어주었다. 제자들과 함께 쥐라산맥을 구석구석 탐색하며 자연을 관찰하고 연구했다. 그리고 학생들에게 이 모든 것을 그림으로 그리게 한다. 잔느레는 뛰어난 스승의 안내를 받으며 쥐라산맥의 자연을 데생과 수채화에 옮겨 담는다. 자연을 중시하는 그의 건축사고는 이 유년의 경험에서 비롯된 것임을 짐작할 수 있다.

"주말에 우리는 자주 산에 모여 우리들의 미래를 꿈꿨다. 그곳에서 레플라트니에 선생님은 제안했다. 자연에 우리들 삶의 목적을 두자. 도시를 떠나 숲 속에 모여 살며, 그 숲을 우리가 만든 집들로 하나씩 채워나가자. 자연의 모든 것이 그곳에서 형태를 갖추게 될 것이다. 온갖 동물과 식물들과 함께 1년에 한번 씩 축제를 열자. 집의 네 모서리에는 타오르는 불꽃을 피우자."

레플라트니에는 화가가 되기를 원했던 쟌느레를 지속적으로 설득해 건축의 길로 인도한다. 결국 스승의 강력한 권유로 쟌느레는 상급반에서 미술과 함께 건축도 공부하게 된다. 스승은 제자에게 다양한 훈련을 시켰고, 어린 나이임에도 불구하고 직접 건축설계를 할 기회도 제공했다. 그는 건축주를 설득해 당시 17세였던 쟌느레에게 설계를 맡기게 했는데, 이렇게 탄생된 건물이 처녀작인 팔레주택이다. 쟌느레는 팔레주택을 설계하고 받은 사례금으로 최초의 장기여행을 떠날 수 있게 됐다.

"17세 때 나는 처음으로 자신의 집을 설계할 수 있도록 해준 열린 마음의 배려심 많은 건축주를 만나는 행운을 얻었다. 이 시기에 나는 정성을 기울여 세심한 디테일로 집들을 지었다. 지금 보면 유치하고 끔찍하겠지만, 그 주택들은 모든 건축의 관습에서 자유롭다."

팔레주택 이후 고향에서 활동하던 10여 년 동안 그는 일련의 주택들을 설계한다. 스토처주택, 자크메주택, 잔느레주택, 파브르주택, 스칼라극장, 슈와브주택 등이다. 이 중 첫 세 작품인 팔레, 스토처, 자크메주택은 전나무를 형상화하는 등 외부장식에 치중하는 경향을 띠고 있다. 이는 그가 자라면서 접해온 라쇼드퐁의 자연으로부터 받은 영향

슈와브주택

이 크다.

쟌느레는 이 기간 동안 건축공부와 병행해 철학, 문학, 역사, 예술 등 여러 분야의 독서를 통해 인문적, 예술적 소양을 쌓아나간다. 그는 독서에 열중하는 한편, 여러 차례의 건축답사여행도 하게 되는데, 첫 여행지인 이탈리아, 독일, 파리, 부다페스트를 비롯해 세르비아, 루마니아, 불가리아, 터키의 이스탄불, 아테네의 아크로폴리스 등지를 두루 여행하면서 견문을 넓혀나갔다. 그는 그때의 경험을 〈건축대학 학생들과의 대화1943〉라는 책에 다음과 같이 적고 있다.

"내가 아테네의 파르테논 신전 앞에 도착한 것은 스물 세 살 때의 일이군요. 거기서 몇 주 동안 머무르면서 나는 세상에서 가장 멋진 음

터키 하기야소피아 사원의 스케치, 1910

아크로폴리스 크로키, 1911

악을 연주하는 그 돌들을 존중하고 염려하고 놀란 손길로 쓰다듬었습니다."

그는 이 여행을 통해 건축에 대한 여러 가지 발견과 다양한 사례들을 접하게 된다. 그리고 당시의 느낌을 기록하여 그의 부모와 스승에게 편지와 보고서를 보내고 그림으로도 남긴다.

쟌느레는 1908년 파리를 여행하던 당시, 오귀스트, 귀스타브, 끌로드 페레 삼형제가 운영하던 페레의 건축사무소에서 14개월 동안 일하게 된다. 오귀스트 페레Auguste Perret, 1874~1954는 철근콘크리트 건축의 표현기법을 개발한 선구자로 알려져 있으며, 훗날 2차 세계대전 당시 대부분 훼손되었던 프랑스 북부의 항구도시 르 아브르Le Havre의 재건작업을 주도했던 건축가로 유명하다. 새로이 복구된 르 아브르 도시는 전통과 현대건축의 접목과 콘크리트라는 재료의 잠재성을 보여주었다는 평가를 받으며, 유네스코 세계유산으로 등록된 도시이기도 하다. 쟌느레는 페레의 사무실에서 철근콘크리트의 사용법에 대해 체득하게 된다. 이때, 그는 고향 라쇼드퐁에서 받은 감성적이고 형식적인 건축교육만으로는 충분치 못하다는 것을 실감한다. 그러면서도 그의 생각은 늘 고향에 매여 있었고, 결국 페레의 사무실을 떠나 다시 라쇼드퐁으로 돌아간다. 페레의 사무실에서 느낀 쓰라린 경험과 이후 몇 차례 더 행해진 건축답사여행은 쟌느레의 건축행로에 급격한 변화를 주는 계기가 된다.

고향으로 돌아간 쟌느레는 건축학교에서 같이 공부했던 몇몇 친구들과 투합하여 공동작업실을 차리게 되지만, 이는 얼마 가지 않아 곧 해체되고 만다. 독일 여행 중이던 1910년경에는 5개월 가량 건축가 베렌스Peter Behrens, 1968~1940의 사무실에서 일하기도 했다. 베렌스는 독일 근대건축의 발전에 큰 영향력을 끼친 건축가로 그의 사무실은 쟌느레 이후에 발터 그로피우스와 미스 반 데어 로에가 거쳐 간 곳이기도 하다. 이후, 그는 고향에서 몇 년을 더 머물면서 간간이 주택설계와 몇 차례의 여행을 더 하게 된다. 비록 체계적이지는 못했지만 어린 소년의 감성에 불을 붙였던 미술학교에서의 훈련과정, 광범위한 독서량, 장기간에 걸친 건축답사여행은 훗날 르 꼬르뷔지에라는 거장을 탄생하게 한 든든한 기반과 모태가 되고 있다.

르 꼬르뷔지에의 탄생과 건축행로

1917년 서른 살의 쟌느레는 태어나서부터 30년 동안 뿌리를 내렸던 고향 라쇼드퐁을 떠나 드디어 파리에 정착한다. 그는 파리에서 화가 아메데 오장팡을 만나 교류하며, 그에게서 많은 영향을 받는다. 이즈음에 그는 오장팡과 함께 화가로서도 활발히 활동하게 된다. 오장팡

정물화, 1920년경, 르 꼬르뷔지에

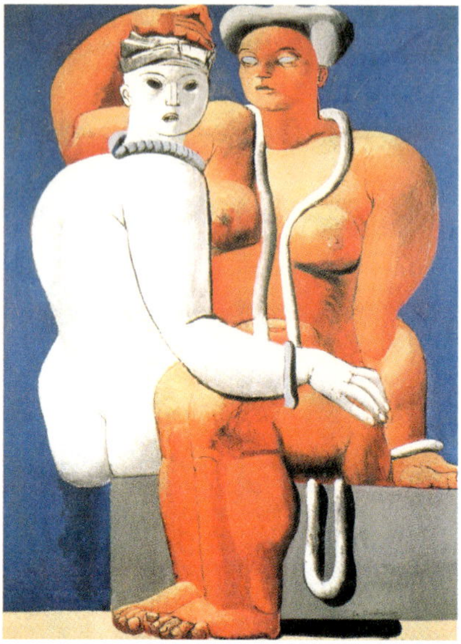

목걸이를 하고 앉아있는 두 여인, 1929, 르 꼬르뷔지에

은 입체파 화가들이 추구하던 난해한 추상성을 거부하고, 순수하고 기하학적인 회화예술을 지향하던 화가다. 두 사람은 〈입체파 이후Aprés le cubisme, 1918〉라는 저서를 공동 집필하여 출판하게 되는데, 이 책은 순수주의Purism의 선언서로 일컬어진다.

1920년, 쟌느레와 오장팡, 그리고 여기에 시인 폴 데르메가 합류해, 세 사람은 순수주의를 표방한 전위예술잡지인 〈에스프리 누보〉를 창간하게 된다. 이 시기가 르 꼬르뷔지에의 건축을 향한 행보가 본격적으로 펼쳐지기 시작한 때로, 〈에스프리 누보〉지는 그에게 건축실무를 위한 발판이 되어 주었다. 르 꼬르뷔지에는 이 잡지에 건축과 도시계획에 관한 자신의 생각들을 제시했고, 장식이 위주였던 이전의 건축양식을 비판하며 기능주의 건축을 옹호했다. 그는 5년 후 이 잡지가 폐간될 때까지 르 꼬르뷔지에라는 필명으로 건축과 예술에 관한 글들을 기고한다. 여기에 실린 그의 글들은 〈건축을 향하여Ver une Architecture, 1923〉라는 책으로 엮여져 출판된다.

1923년, 르 꼬르뷔지에는 사촌인 피에르 잔느레와 함께 파리에 건축사무소를 개설한다. 르 꼬르뷔지에의 건축은 2차 세계대전을 전후로 해서 확연히 다른 두 시기로 구분되는데, 두 사람이 협력관계를 유지하던 1940년까지가 그 첫 번째 시기에 해당한다. 이 시기의 주요작품으로는 300만인의 현대도시계획안, 라 로슈주택, 파리의 구세군회관, 스타인주택, 사부아주택, 알제시市의 도시계획안 등이 있다.

계획으로만 그친 설계안을 포함해 그의 작품들은 발표하자마자 큰 화제를 불러 일으켰다. 이 시기에는 도시계획안과 공공건물의 설계

사부아주택, 1929

생 피에르 성당

도 많았지만 주로 특권층을 위한 주택설계가 많이 이루어졌으며, 그 주택들은 장식이 배제된 기계적인 형태를 갖춘 것이 특징이다. 이런 특징이 가장 두드러지게 나타나 있는 건축물이 사부아주택으로, 이 주택은 절제미와 함께 근대건축의 5원칙이 고스란히 담겨있다. 필로티에 얹힌 채 전원의 풍경 속에서 간결한 자태를 드러내고 있는 이 주택은 프랑스의 역사기념물로 등재되어 있기도 하다.

르 꼬르뷔지에 건축의 두 번째 시기는 1940년대 중반부터 1965년 그가 사망할 때까지다. 이 시기에 마르세이유의 유니떼 주거단지, 인도의 찬디가르 고등법원청사, 롱샹성당. 필립스관館, 라 뚜렛 수도원 등의 굵직굵직한 걸작들이 탄생한다. 특히 인도 펀잡주州의 주도인 챤디가르는 르 꼬르뷔지에의 도시라 불릴 정도로 그의 작품이 많이 산재해 있는데, 1950년 네루 수상이 이 도시의 설계를 르 꼬르뷔지에에게 통째로 맡긴 것으로 유명하다. 이 후기의 빛나는 작품들은 모두 그가 발명한 모듈러가 적용되어 있다.

르 꼬르뷔지에의 마지막 작품은 몇 년 전까지만 해도 스위스 취리히의 르 꼬르뷔지에 센터Heidi Weber Museum/Center Le Corbusier, 1963로 알려져 있었다. 그러나 최근, 프랑스 피르미니Firminy시市에 롱샹과 라 뚜렛에 이어 그의 세 번째 종교건축물인 생 피에르Saint Pierre성당이 완공되었다. 1965년에 설계가 완성된 이 성당은 르 꼬르뷔지에의 사후인 1970년에 착공식을 가졌으나, 공사비 문제로 오랫동안 중단되었다가 2006년이 되어서야 공사가 마무리되었다.

르 꼬르뷔지에는 1965년 8월 27일 그의 별장이 있던 남프랑스의 깝 마르탱Cap Martin에서 78세의 일기로 세상을 등진다. 사인은 수영 중 심장마비로 인한 익사였다고 한다. 장례는 프랑스 국장으로 치뤄졌고, 그의 시신은 생전에 아내와 자신을 위해 직접 디자인한 묘지에 묻

르 꼬르뷔지에의 묘지

혔다. 한 시대를 걸출하게 살아오며 많은 사람들에게 영향을 끼쳤던 건축가 르 꼬르뷔지에. 그의 건축과 예술에 대한 열정은 우리의 뇌리에 남아 앞으로도 지속적으로 그 영향력을 행사하게 될 것이다.

근대건축의 5원칙

1926년에 발표된 근대건축의 5원칙5Point of Modern Architecture은 일종의 건축에 대한 독창적인 제안이라고 할 수 있다. 건축 전공자라면 누구나 익히 알겠지만, 르 꼬르뷔지에의 이 5원칙은 건축사에서 매우 중요하게 취급되고 있을 뿐 아니라, 건축가 르 꼬르뷔지에를 이야기하면서 간과할 수 없는 부분이다. 그가 주장한 근대건축의 다섯 가지 요소는 필로티les pilotis, 수평의 긴 창窓La Fenetre en Longeu, 자유로운 평면Le Plan Livre, 옥상정원Le Toit-Terrasse, 자유로운 입면Le Facade Livre을 말한다. 사부아주택은 이 5원칙이 가장 이상적으로 결합된 건물로 평가받고 있다.

첫째, 필로티의 사용에 관한 것인데, 필로티란 건물을 들어 올려서 지면地面을 개방하기 위해 설치되는 기둥을 일컫는 말이다. 이 제안은 대지와 건물이 접촉하는 면적을 최소화하자는 것으로 주생활공간은 2층 이상에서 시작되고, 1층은 외부공간으로서의 역할을 하게 된다. 필로티는 전혀 새로운 건축개념은 아니며, 습도가 높은 열대지방에서 통풍의 고려와 함께 짐승과 벌레들로부터의 습격을 막기 위해 전통적으로 사용되어오던 구조다. 우리의 정자나 누각, 원두막도 이런 구조로 되어 있다. 르 꼬르뷔지에는 이를 상용화하여 지면은 식물과 사람의 활동을 위해 개방시키고, 거주를 위한 공간은 지면 위에 두자고 제안한 것이다. 그가 주장한 필로티의 상용화는 확실히 성공한 것 같다. 이제는 우리 주변에서도 다리로 몸체를 지탱하고 있는 이런 구조의 건물들을 심심찮게 찾아볼 수 있으니 말이다. 단지 우리 건물들의 필로티 공간은 사람을 위한 것이 아니라 자동차를 위한 공간이란 점이 다를 뿐이지만.

둘째, 건물에 수평으로 긴 창을 두자는 제안이다. 지금도 여전히 그렇긴 하지만, 그 이전에는 수직형태의 독립적인 창문이 대부분이었다. 수평으로 길게 창을 두게 되면, 시야가 확장되어 마치 파노라마를 보는 것처럼 연속적으로 외부를 조망할 수 있게 된다. 또한 실내공간에 자연채광을 골고루 받아들일 수 있는 장점도 생긴다. 연속적으로 펼쳐지는 수평의 창은 필로티와 함께 르 꼬르뷔지에의 건축에 자주 등장하는데, 본격적이고 대대적으로 선을 보인 것은 1927년 국제연맹(UN)이 스위스 제네바에 새 본부를 건설하기 위해 실시한 설계경기에서다. 그는 이 경기에서 지극히 사무적이고 기능적인 건물을 설계해서 출품하게 되는데, 이 계획안에는 길이가 200m나 되는 긴 띠창이 도입되었다. 예심에서 1등으로 당선한 이 계획안은 전통적이지 못하다는 이유로 최종심사에서 탈락했다고 한다. 아직까지도 정치기구나 공공건물들이 신고전주의적인 신전형태를 못 벗어나고 있는 걸 보면, 그 시절에는 오죽했을까 싶다. 르 꼬르뷔지에는 아마 정치기구를 위해 기능적인 사무용 건물을 제시한 최초의 건축가일 것이다. 그 이후에 생겨나게 되는 국제연맹 산하의 대부분의 건물들이 르 꼬르뷔지에의 설계안을 전형으로 삼고 있다니, 참으로 아이러니한 일이다. 한 가지 덧붙이자면, 그에게는 이 일 말고도 보수주의자들에 의해 뼈아픈 좌절을

겪은 경우가 또 있다.

르 꼬르뷔지에는 한 실업가의 재정적인 도움으로 뻬삭Pessac 지방에 노동자를 위한 50여 가구의 전원주택단지를 건설하게 된다. 그러나 이 주택들에 전통과 관습을 벗어난 색채를 사용했다는 이유로 시 당국과 마찰을 일으키게 되고, 결국 시에서는 상수도 공급을 차단하게 되는 사태에까지 이른다. 이 주택단지는 그 후 6년 동안 아무도 살지 않았다고 하니, 그로서는 참으로 쓰라린 경험이었을 것이다.

셋째, 자유로운 평면이란 구조에 얽매이지 않는 융통성 있는 내부 공간을 구성하자는 제안이다. 이는 공간의 구성을 사용자의 의도에 맡긴다는 개념으로, 요즘 흔히 쓰이는 이동식 칸막이의 원조 격이라 할 수 있다. 르 꼬르뷔지에는 유럽의 대표적 건축가 16인이 참여한 바이센호프 주거단지Weissenhofsiedlung, 1927 프로젝트에 참여해 두 채의 주택을 제작하게 된다. 그는 이 주택에 이동식 칸막이를 설치해 낮에는 넓은 거실로 쓰고, 밤에는 3개의 작은 침실로 사용할 수 있게 했다. 이 주택도 역시 필로티와 긴 수평창을 두고 있다. 바이센호프 주거단지는 단순한 형태의 주택들이 밀집된 단지로, 현대의 밀집주거단지의 시초라는 점에서 그 의미가 깊다.

넷째, 평지붕의 옥상에 얕은 층의 흙을 덮어 정원을 만들자는 제안이다. 이는 대지의 기능을 옥상으로 끌어올려 별 쓸모가 없던 평지붕을 정원으로 격상시킨 것이다. 언제나 적당한 습기가 유지되는 옥상정원은 식물을 키우는 정원의 역할과 함께 건물을 추위와 더위로부터 보호하는 역할도 하게 된다. 흔히 우리가 접하는 빌딩의 옥상정원이 여기에서 출발된 것이다.

다섯째, 자유로운 건물의 입면은 하나의 개념이라기보다는 필로티를 비롯한 다른 네 가지 요소의 사용에 따른 자연스런 결과물이라고 할 수 있다. 르 꼬르뷔지에의 근대건축 5원칙은 그 이전의 고전적인 건축의 틀을 깬 혁명으로 이후 새로운 공간, 새로운 형태의 건축을 주도하게 된다.

음악적 건축언어

언어言語를 사전적으로 해석하면, 소리에 의미를 실어 기호로 표시한 것, 즉 의사소통을 위한 전달기호다. 건축에도 언어가 존재하는데, 건축가들은 자신의 건축에 대한 목소리를 소통시키기 위해 이 언어를 사용한다. 말하자면, 건축언어는 건축가의 표현의도가 함축되어 있는 내면의 목소리로, 건축물의 독특한 성격을 나타내는 말이라고 할 수 있다.

르 꼬르뷔지에는 어떤 건축가들보다 많은 건축언어를 가지고 있다. 그의 건축언어는 자신의 건축에 관한 수많은 발언, 그리고 다양한 원칙과 기법들이 적용된 작품을 통해서 이해될 수 있다. 이 책에서는 르 꼬르뷔지에의 건축언어 중 특히 음악적인 속성을 내포하고 있는 리듬수법, 음향적 건축, 자유곡선, 건축적 산책에 대해 다루어보고자 한다.

리듬수법

르 꼬르뷔지에의 건축에서 리듬은 매우 중요한 건축언어로 다루어진다. 그는 건물의 형태뿐 아니라 배치에 있어서도 음악적인 리듬을 적용시키고 있다. 건축에서나 음악에서나 리듬은 규칙적으로 나타날 때 쉽게 인지되는 경향이 있다. 르 꼬르뷔지에는 이처럼 반복적이고 규칙적인 리듬패턴을 즐겨 사용했다.

스타인주택은 미국의 유명 여류작가 거트루드 스타인Gertrude Stein의 오빠인 마이클 스타인을 위해 지어진 상자형태의 건물이다. 르 꼬르뷔지에는 이 건물의 기둥배치에 리듬으로 변화를 주고 있는데, 한 쪽 면에서는 A-B-A로, 또 다른 쪽 면에서는 A-B-A-B-A의 리

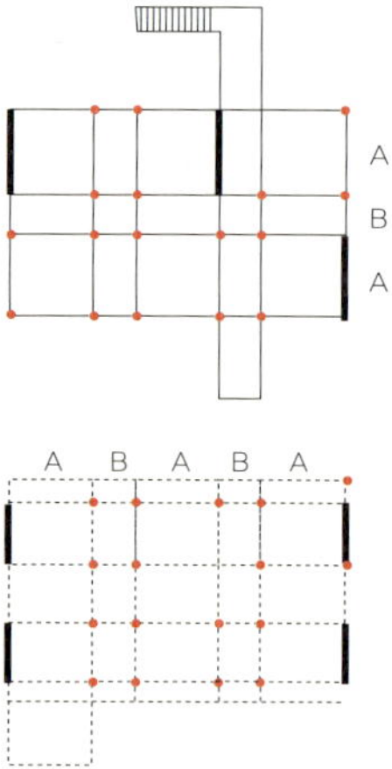

스타인주택의 입면과 기둥배치, 1927

듬으로 배열하고 있다. 이러한 반복적 리듬은 리듬의 유형 중에서 가장 흔히 쓰이는 것으로 음악형식으로 치면 세도막 형식과도 일치한다. 세도막 형식의 기본구조인 A-B-A는 종종 A-B-A-B-A로 확장되어 복합형식을 취하게 되는데 르 꼬르뷔지에는 기둥의 배치에 기본형식과 복합형식의 두 가지를 함께 적용시키고 있다.

르 꼬르뷔지에가 가장 자주 사용한 리듬수법은 파도 모양의 형태다. 파도형태의 리듬이 처음 도입된 작품은 모놀주택 계획안인데, 이 계획안에서는 지붕이 마치 파도처럼 연속적이고 규칙적으로 전개되고

모놀주택 계획안, 1919

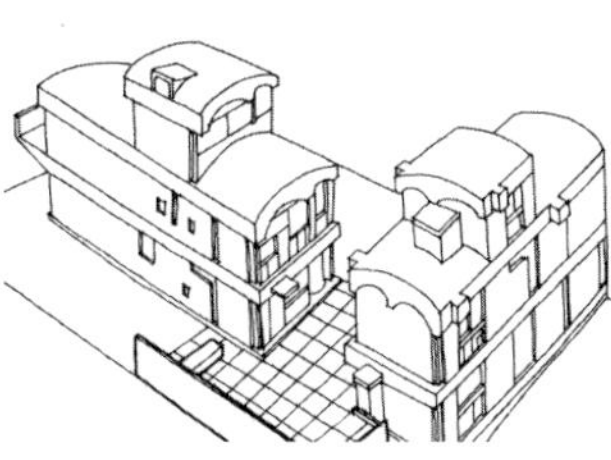

자울주택, 1952

쌩뜨 봄 계획안, 1948

찬디가르 고등법원 청사, 1956

있는 것을 볼 수 있다. 파도형태는 이후 두께와 모양을 조금씩 변형하여 그의 작품에 지속적으로 등장한다. 자울주택에서는 단발적인 파도형의 천장이 돔형태의 지붕과 함께 어우러져 건물에 활기찬 리듬을 부여하고 있다. 파도리듬은 음악에서 같은 리듬을 가진 음형을 반복시키는 것과 매우 유사하다.

특히 이 파도리듬이 극대화되어 있는 작품은 찬디가르의 고등법원 청사 건물이다. 르 꼬르뷔지에는 이 건물의 지붕에 적극적으로 파도형태를 도입시켰는데, 이러한 리듬이 규칙적으로 반복될 뿐만 아니라 분절, 확대, 교체되는 등 매우 복합적으로 나타나 있다. 지붕은 시각적으로 강렬한 느낌을 주는 이 리듬으로 인해 마치 건물과 독립된 요소로 지각되기도 한다. 그러나 입구의 거대한 기둥이 만들어내는 긴장감과 잘 어우러져 전체적으로는 통일감을 형성하고 있다.

단순한 직사각형의 콘크리트 틀 안에는 르 꼬르뷔지에의 발명품인 브리즈 솔레유Brise-Soleil(격자형 차양)를 비롯한 그의 특유의 기

찬디가르 주의회 의사당, 1962

법들이 잘 조합되어 있기도 하다. 다양한 요소들이 조화를 이루며, 시각적으로도 뛰어난 조형성을 보여주는 이 건축물은 한 마디로 최고의 다양성이 최고의 통일성으로 표현된 좋은 본보기라 할 수 있다.

르 꼬르뷔지에의 도시라 불리는 찬디가르에는 고등법원 청사와 더불어 콘크리트의 조형미가 뛰어난 또 하나의 기념비적인 건축물이 있다. 고등법원과 마주보고 서 있는 찬디가르 주州의회 의사당Capitol in Chandigarh으로 두 건물은 서로 화답하듯 시각적으로 강한 연관성을 드러내고 있다. 이 건물은 정면의 거대한 콘크리트 지붕과 이를 떠

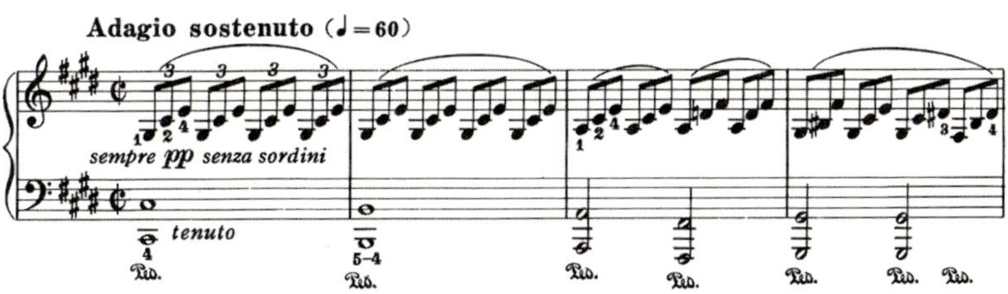

베토벤 '월광소나타'의 도입부

주의회 의사당의 상부 조형물

받치고 있는 기둥이 강한 대조를 이루고 있는데, 초박형의 콘크리트 기둥들로 인해 지붕의 볼륨은 더욱 육중하게 느껴진다.

이러한 대조는 마치 베토벤의 피아노소나타 월광Piano Sonata No. 14, c# minor, Op.27-2, Moonlight을 연상시키는데, 월광의 1악장은 이 건물의 형태와 마찬가지로 전체적으로 일관된 패턴으로 구성되어 있다. 아래 성부에서는 건물의 지붕과도 같은 묵직한 저음이 시종일관 침착하게 지속되고, 위의 성부에서는 단순하게 펼쳐진 화음이 건물의 기둥들처럼 똑같은 리듬으로 전개되어나간다.

무엇보다 이 건물을 돋보이게 하는 것은 옥상에 설치된 두 조형물이다. 원추와 피라미드를 약간 변형시킨 이 조형물은 각각 상원회의실과 하원회의실을 덮고 있는데, 실내에 자연채광을 유입시키는 역할을 한다. 르 꼬르뷔지에는 1500년대의 인도의 계단식 우물 '바올리Baoli Step Well, Ahmedabad'에서 빛에 대한 영감을 얻어 이 조형물을 설치했다고 한다. 두 조형물은 빛을 빨아들이는 빛우물의 역할과 함께 건물의 형태에 강한 리듬감도 제공하고 있다. 결코 가볍게 느껴지지 않는 이 거대한 조형물로 인해 오히려 대형 콘크리트 건물의 몸체가 가벼워 보이기까지 한다. 옥상의 조형물, 정면의 지붕, 그리고 이와 대조를 이루고 있는 기둥들은 서로 조화되어 건물에 활동적인 리듬을 주는 요소로 작용하고 있다.

르 꼬르뷔지에의 유작이자 만년의 걸작인 르 꼬르뷔지에 센터 Center Le Corbusier는 마치 한 폭의 몬드리안의 추상회를 연상시킨다. 이 건물은 애초에 르 꼬르뷔지에의 친구이자 팬이었던 하이디 베버라는 여성의 요청에 의해 개인 전시관으로 설계되었다. 시공 도중 르 꼬르뷔지에가 사망하는 일이 생겼고, 베버 여사는 르 꼬르뷔지에를 기리기 위해 자신의 전시관을 기념관으로 기증한다. 일명 인간의 집 Maison d' homme이라고도 불리는 이 기념관에는 이 건물을 설계할 당시 르 꼬르뷔지에가 드로잉한 스케치를 비롯해 그의 회화, 조각, 출판 서적, 판화 등이 전시되어 있다.

이 건물을 특징짓는 가장 인상적인 요소는 아래 위로 대칭되어 있는 지붕과 강한 색채다. 태양의 24시간 주기를 상징하는 굴곡이 심한 두 개의 지붕은 강렬한 대조적 리듬을 보여주고 있다. 시각적으로 집중도가 높은 지붕은 건물에 활동성을 부여하고 있을 뿐만 아니라, 그 아래 원색의 에나멜 입방체들과도 멋진 조화를 이루고 있다.

이상으로 몇 작품만을 예로 들었지만, 사실 르 꼬르뷔지에는 거의 모든 작품에 열성적으로 리듬을 사용하고 있다. 그의 리듬에 대한 사랑은 후기로 갈수록 더욱 강하게 나타나는데, 후기의 리듬수법은 초기

르 꼬르뷔지에 센터, 스위스 취리히, 1963

르 꼬르뷔지에 센터의 야경

에 비해 더욱 다양하고 복합적으로 구사되고 있다. 이러한 복합적인 리듬이 적용된 대표적인 건물이 롱샹성당과 라 뚜렛 수도원이다. 두 건물에서 표현되고 있는 리듬수법은 이후의 작품해석 부분에서 상세히 다루어질 것이다.

음향적 건축

르 꼬르뷔지에는 조각에 대해서도 관심이 많았다. 특히 그가 즐겨 만들었던 조각은 마치 소리를 내거나 듣는 것과 같은 청각적 형태의 조각이다. 그는 1928년에 조형에 관한 연구를 시작해 줄곧 그 끈을 놓지 않는다. 1940년 이후로는 그의 조각협력자인 사비나와 함께 청각적인 형태의 작품들을 제작하기 시작하는데, '오종Ozon'과 '위비Ubu' 연작이 그러한 조형물들이다. 위비는 프랑스 극작가 알프레드 제리Alfred Jarry의 연극 '위비왕Ubu Roi'에 나오는 기괴한 형상에서 영감을 받아 붙여진 이름이다.

오종

위뷔

마르세이유의 유니떼 다비따시옹의 옥상조형물

르 꼬르뷔지에는 강렬한 색채와 굴곡이 많고 거친 형태의 이 조각들을 '음향적Acoustic' 이라 칭한다. "오종과 위비는 내가 음향적 조형이라 이름 지은, 즉 소리를 내고 있는 것 같은, 그리고 듣고 있는 것 같은 형태의 조각들이다." 르 꼬르뷔지에는 여러 가지 이미지들이 혼합되어 있는 이 조각들에 대해 조형적 음향Plastic Acoustic, 시각적 음향Visual Acoustic, 조경적 음향Landscape Acoustic 등의 다양한 언어로 표현하면서 그 주제들을 건축에 적극적으로 끌어들이고 있다.

르 꼬르뷔지에의 음향적 형태가 대대적으로 선을 보인 건축물은 마르세이유의 유니떼 다비따시옹이다. 이 주거단지의 옥상에는 귀를 열고 있는 대형 콘크리트 조형물이 설치되어 있는데, 이 청각적 조형물은 독특한 문양의 일광욕실의 벽, 콘크리트 계단참, 그리고 주변경치와도 잘 어우러져 시각적인 즐거움을 주고 있다.

르 꼬르뷔지에는 음향적 형태가 적용된 건축공간에 대해 '말로 다

생 삐에르 성당의 옥상조형물

빛이 유입된 내부공간

형용할 수 없는 공간Ineffable Space' 이라고 표현한다. "조형적 음향효과가 적용된 말로 다 형용할 수 없는 공간은 수학처럼 정교한 질서를 가진다. 그것은 마치 아름다운 소리와 불협화음이 미묘하게 결합되어 기쁨과 압박을 동시에 주는 음악과 같은 공간이다." 말로 다 형용할 수 없는 음향적 공간은 르 꼬르뷔지에의 최대의 걸작 롱샹성당에서 극대화되어 나타난다.

후기로 갈수록 더욱 집약된 형태로 표현되고 있는 이 음향적 조형들은 대체 어떤 소리를 듣기 위해 귀를 쫑긋 세우고 있는 것일까? 르 꼬르뷔지에가 들려주려 했던 그 소리는 바로 빛의 소리다.

생 삐에르 성당의 옥상에는 원통과 입방체의 두 조형물이 부착되어 있다. 이는 찬디가르 의사당의 옥상조형물처럼 자연채광을 내부로 유입시키는 빛우물의 역할을 한다. 건물의 귀를 통해 흘러 들어온 빛의 소리는 실내에 은은히 울려 퍼지며, 말로 다 형용할 수 없는 미지의 공간을 창출한다.

자유곡선

정형화된 기하곡선과는 달리 자유곡선은 인간의 예술적 감성을 근간으로 한다. 르 꼬르뷔지에의 초기 작품들에서는 인위적인 기하곡선이 주로 쓰였지만, 후기에 접어들수록 자유곡선이 적극 도입되고 있다. 자유곡선에 대한 르 꼬르뷔지에의 애착은 일찍이 그의 회화에서부터 출발한다. 특히 그는 바이올린과 기타 같은 악기를 그림의 재료로 쓰기를 즐겼는데, 이러한 악기의 곡선은 곧바로 하나의 건축형태로 치환되어 나타나고 있다.

그의 건축에서 자유곡선이 등장하기 시작한 것은 라 로쉬 주택 Villa La Roche, 1923에서부터다. 이 주택의 중정中庭에 면해 있는 한쪽 벽은 마치 기타나 바이올린의 몸체를 연상시키듯 길게 휘어져 있으

겹친 접시가 있는 정물, 1920, 르 꼬르뷔지에

라 로쉬 주택의 경사로

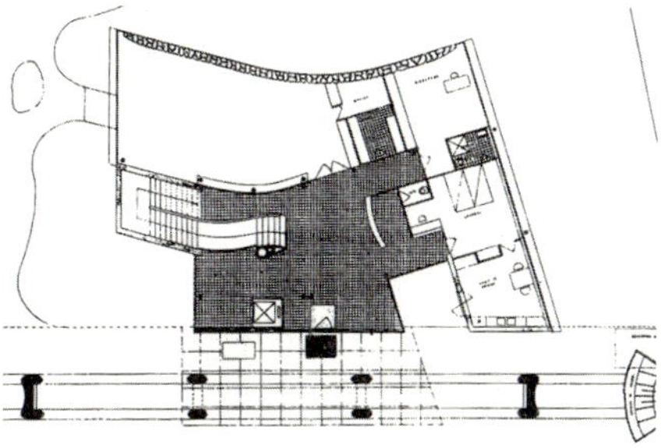

파리대학생촌의 스위스관

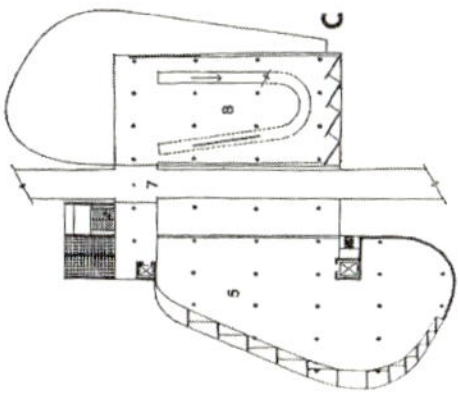

카펜터 시각예술센터

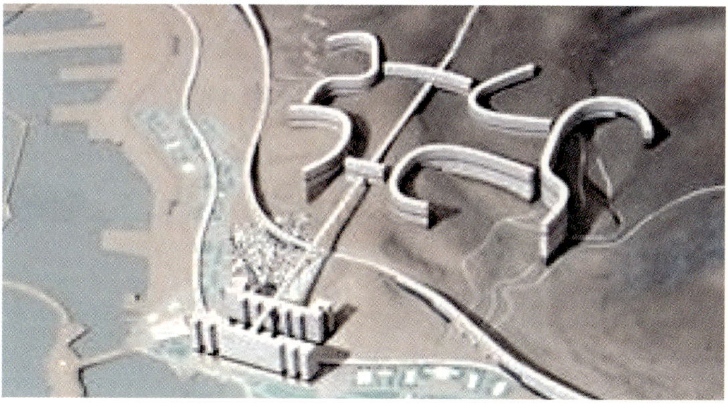

오뷰 계획안

며, 그 휘어진 곡선을 따라 경사로가 설치되어 있다.

악기모양을 형상화한 자유곡선은 이후의 사부아주택, 파리대학생촌의 스위스관에서 출현하며, 그의 작품 중 유일하게 미국에 세워진 하버드대학의 카펜터 시각예술센터에서도 현저하게 나타난다. 카펜터 시각예술센터는 마치 만돌린Mandolin의 형체를 떠올리게 하는 곡면이 건물을 관통하는 경사로의 양쪽에 돌출되어 있다. 필로티에 얹혀 건물의 상하부에 끼워져 있는 이 두 곡면은 건물 전체의 이미지를 지배하는 주제가 되고 있다.

르 꼬르뷔지에는 이들 악기 외에 피아노의 곡선도 자주 애용했는데, 스타인주택과 페삭주택에서는 그랜드 피아노의 형태를 닮은 곡면의 벽이 채택되었다. 이러한 곡면의 벽들은 공간에 조형성을 부여하는 동시에 동선을 유도하는 건축적 산책로의 역할도 함께 하게 된다.

실현되지 못한 알제 시市의 오뷰 계획안Plan Obus에서는 자유곡선이 더욱 활발하게 표현되어 있는데, 마음껏 휘어진 곡선형태의 건물군群이 도로, 그리고 해안선과 잘 어우러져 마치 조각공원의 작품처럼 배치되어 있다.

건축적 산책

건축적 산책Architectural Promenade은 르 꼬르뷔지에 공간개념의 핵심으로 다른 말로 유보건축流步建築이라고도 한다. 이는 건축의 공간에 음악의 시간성을 도입한 것으로, 연속적으로 전개되는 건축공간을 시간적으로 관조觀照체험하는 행위를 말한다. 거주자나 관람자가 건축공간의 다양한 느낌을 체험할 수 있도록 안내해 주는 길이라고

나 할까? 요즘이야 건축공간의 감성적인 체험에 대한 이야기가 흔하지만, 그 당시로서는 아주 획기적인 발상이었다. 건축적 산책은 건물의 동선과 관련이 깊지만, 그렇다고 단순히 기능적인 동선체계만을 의미하는 것은 아니다. 보다 감성적인 측면에서 건축의 공간과 시간을 결합시킨, 즉 건물, 사람, 시간이 일체가 되었을 때 체험할 수 있는 통합적인 개념의 산책이다.

건축적 산책은 건물의 외형을 그저 바라보기만 해서 경험할 수 있는 것은 아니다. 접근단계에서부터 출발해 건물 속을 돌아다니는 관람자의 움직임이 있어야지만 가능하다. 관람자는 3차원의 공간을 걸어가는 동시에 4차원의 시간을 통과하게 된다. 이 유동적인 움직임을 통해 눈앞에는 매순간 변화하는 장면들이 파노라마처럼 펼쳐진다. 마치 음악의 선율이 시간의 흐름 속에서 다양하게 음미되듯이, 공간 속을 흘러 다니는 감상자는 시시각각 새로운 장면과 조우하게 되며, 이를 느끼고 향유하게 되는 것이다. 건축은 걸으면서 발견된다는 이러한 개념은 르 꼬르뷔지에의 건축에서 매우 중요한 비중을 차지하는데, 그는 〈건축학교 학생들과의 대화〉에서 다음과 같이 말하고 있다.

"건축은 걷고, 달리면서 만날 수 있는 존재다. 정면을 향한 두 개의 눈을 가진 우리는 이동하는 가운데 차례로 등장하는 건축의 요소들과 만나게 된다. 그 연속적인 전개 속에서 우리는 삶과 죽음, 충격과 감동을 느낀다. 건물의 내부순환은 생물의 소화관이다. 내부의 순환이 얼마나 잘 되는지의 여부가 건축물의 생물학적 미덕이 될 것이다… 좋은 건축은 안팎으로 걷고, 돌아다니는 존재다. 그것이 살아 있는 건축이다."

사부아주택의 다양한 장면들

르 꼬르뷔지에의 걷고, 돌아다니는 산책의 기능을 원활하게 해주는 도구가 경사로인데, 사부아주택은 특히 경사로에 의한 산책의 의미가 풍부하게 내재되어 있는 건축물이다. 오스트리아의 미술학자 제들마이어Hans Sedlmyer는 이 주택을 초원에 착륙한 우주선이라고 표현했지만, 내가 보기에는 야외 연주를 위해 초원에 가져다 둔 하얀색 그랜드 피아노에 더 가까워 보인다. 가느다란 다리 위에 들어 올려진 피아노의 몸체 속에서는 선율이 흘러 다닌다. 이 선율의 흐름, 즉 건축적 산책을 인도하는 장치가 건물 내부에 인상적으로 설치되어 있는 경사로다.

사부아주택의 건축적 산책의 경험은 건물에 진입하는 순간부터 이루어진다. 출입구를 들어서서 선회하면 2층의 주 생활공간을 통해 옥상정원까지 이어지는 경사로가 나타난다. 경사로의 안내를 받으며, 천천히 걸어가는 관람자의 시야에는 다양한 건축의 장면들이 점진적으로 펼쳐진다. 관람자의 다각적인 시선의 움직임, 긴 수평 창을 통해 실내로 흘러 들어온 빛, 그리고 르 꼬르뷔지에의 예술적 감각이 버무려진 그 장면들은 하나의 유기체가 되어 건축적 산책의 장場을 생성한다.

사부아 주택은 단순성, 복합성, 대립성, 모호성 등이 함께 공존하는 건물로 평가받고 있다. 건축가 벤츄리는 〈건축의 복합성과 대립성Complecity and Contradiction in Archtitecure, 1966〉이라는 책에서 정방형에 가까운 이 주택의 평면을 모호성의 예로, 단순한 외형과 복합적인 내부를 대립성의 예로 들고 있다. 밖으로 보이는 주택의 간결한 외관과는 달리 내부에서는 그만큼 풍부한 건축적 산책로가 펼쳐진다는 얘기다. 이런 관점에 대해 베이커Georrfrey H. Baker는 “사부아 주택은 단순한 입방체처럼 보일지 모르지만, 복잡하게 전개되는 내부공간은 하나의 교향곡이라고 표현하는 것이 적합하다.”고 말한다.

건축적 산책은 사부아 이전의 라 로쉬-쟌느레 주택에서 이미 주요 모티브가 되고 있다. 이 주택은 두 채의 주택이 연결되어 있는데, 한 채는 르 꼬르뷔지에의 형 아르베르 가족의 주거를 위한 것이고, 또 한 채는 은행가이자 미술품 수집가인 라 로쉬를 위한 것이다. 로쉬의 수집품이 넘쳐나자, 르 꼬르뷔지에는 미술품 소장을 위해 그에게 새로운 주택을 제안했다고 하는데, 현재는 르 꼬르뷔지에의 작품을 전시하는 갤러리로 사용되고 있다. 이 갤러리에 입장한 관람객들이 작품을 감상하기 위해서는 고정된 통로를 따라가야 한다. 완만하게 설치된 경사로를 따라 건물 내부를 유유히 걸으며, 꼭대기 층까지 이르는 과정은 건축적 산책의 하이라이트다.

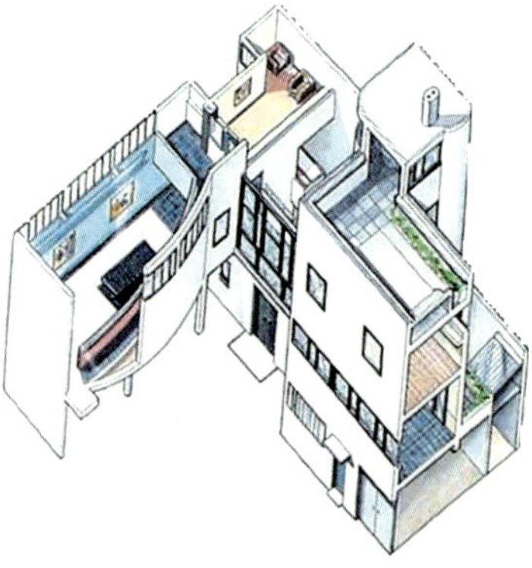

라 로쉬-쟌느레 주택

라 로쉬-쟌느레 주택의 장면들

경사로에 의한 산책로는 사부아와 라 로쉬 외에 구세군 회관, 카펜터 시각예술센터에서도 나타나며. 인도 찬디가르의 고등법원과 주의회의사당에서는 더욱 규모가 커지고 있다. 르 꼬르뷔지에의 건축적 산책은 비단 경사로를 통해 내부에서만 이루어지는 것은 아니다. 이는 건물이 놓여있는 대지에 접근하는 순간부터 전개되기 시작하며, 내부와 외부를 넘나들며 펼쳐진다. 이러한 통합적인 건축적 산책의 개념이 극대화된 작품이 롱샹성당과 라 뚜렛 수도원이다.

음악으로 풀어본 건축의 해석

이 책을 시작해서 지금까지 건축과 음악의 유사성과 공통점, 그리고 건축가 르 꼬르뷔지에의 작품과 거기에 내재되어 있는 음악적 성향에 대해 전반적으로 다루어 보았다. 건축과 음악이라는 한 가지 주제로 정신없이 달려오다 보니, 어느새 책의 말미에 이르렀다. 이 책의 마지막 내용이 될 이 부분에서는 르 꼬르뷔지에의 구체적인 작품을 선정해 음악적인 관점에서 해석하게 될 것이다. 여기에서 다루어질 작품은 롱샹성당, 라 뚜렛 수도원, 필립스관이다. 이 세 건축물은 건축가로, 예술가로, 인간으로 완숙한 경지에 오른 르 꼬르뷔지에의 후기작품들로 모두 작가에 의해 직접 음악과 관련한 언급이 있었던 작품들이다. 또한 르 꼬르뷔지에의 음악적 조력자로서 많은 영향을 끼친 크세나키스가 그의 건축사무실에서 활동하던 시기에 제작된 작품들이기도 하다.

롱샹성당Chapelle Notre-Dame-du-Haut de Ronchamp

롱샹성당의 정확한 명칭은 롱샹의 성모마리아 성당이다. 노트르-담-뒤-오를 직역하면, 높은 곳의 성모Our Lady of The Height라는 뜻으로 이 성당이 롱샹의 제일 높은 언덕에 위치하고 있기 때문에 붙여진 이름이다. 한 마디로는 딱히 뭐라 설명할 수 없는 독창적인 형태의 이 건축물은 메마른 느낌의 콘크리트를 서정적인 예술품으로 승화시킨 근대건축의 가장 뛰어난 작품으로 평가받고 있다. 추상예술의 위치까지 끌어올려진 롱샹성당에 대해 르 꼬르뷔지에는 다음과 같이 말한다. "추상미술은 나에게 많은 열정을 북돋아 주었다. 그것은 롱샹의 존재이유, 건축언어, 교향곡, 음악 혹은 수數, 말로 다 형용할 수 없는

롱샹성당, 1955

공간을 지칭하는 컴퍼스Compass 침이다."

___건립배경

롱샹은 독일과 스위스의 국경에 인접한 프랑스 동부의 알사스 로렌Alsace Larraine 지방의 작은 마을이다. 성모 마리아에게 봉헌된 이 성당은 보쥬Vosges산맥의 끝자락인 블레몽Bourlémont언덕 위에 펼쳐진 고원에 자리 잡고 있다. 블레몽언덕은 오랜 세월 동안 신앙의 장소로 이어져 왔으며, 지금도 가톨릭 순례자들의 성지로 명성이 높은 곳이다.

15세기에 지어진 원래의 성당은 수차례의 전투로 피격과 재건을 반복하다가, 결국 1913년에는 벼락을 맞고 완전히 소실된다. 1936년에 고딕양식으로 다시 재건되었으나 2차 세계대전으로 인해 또다시 파괴되기에 이른다. 1950년, 도미니크 수도회의 꾸뜨뤼에Alain Couturier 신부는 르 꼬르뷔지에를 찾아와 새로운 성당의 설계를 의뢰한다. 처음에 르 꼬르뷔지에는 그다지 흥미를 느끼지 못했으나, 주위의 끈질긴 설득과 롱샹의 대지에 이끌려 결국 이 제안을 수락하게 된다.

당시의 설계조건은 단 세 가지였다. 200명을 수용하는 본당 외에 소규모 미사를 행할 수 있는 3개의 부속실을 만들 것, 매년 두 차례 방문하는 10,000명 정도의 순례자들이 야외미사를 볼 수 있는 공간을 만들 것, 기존 성당의 성모상을 그대로 보존하는 것 등이었다. 그 외에 다른 조건은 전혀 주어지지 않았으며, 르 꼬르뷔지에는 이로써 자유로운 창작의 기회를 얻게 되었다. 롱샹성당은 1950년에 설계에 착수하여 1953년에 착공, 약 3년만인 1955년 6월에 완공되었다.

롱샹성당이 발표되기 전 약 10여 년은 르 꼬르뷔지에의 활동이 주춤하던 시기였다. 오랜 침묵을 끝낸 후에 모습을 드러낸 이 건축물은 그 당시로서는 하나의 충격적인 사건이었다. 전통적인 고딕양식의 틀에서 완전히 벗어난 성당의 형태는 전통을 고수하려는 자들로부터 심한 비난을 받기에 이른다. 일각에서는 반공대피호, 흉물스런 콘크리트 덩어리, 성당의 차고 등에 비유하며 르 꼬르뷔지에에게 야유를 쏟아붓는다. 또 한편으로는 그동안 르 꼬르뷔지에 자신이 추구하던 합리적인 건축이념에 위배된다는 이유로 많은 이들에게 왜곡된 시각으로 비쳤으며, 스스로를 위기상황으로 몰아넣는 것처럼 보이기도 했다. 그러나 표면적으로 보이는 것과는 달리 롱샹성당은 르 꼬르뷔지에의 건축이념에 지극히 충실했던 건축물이다. 그에게 유니떼 다비따시옹이 집합주거형태의 구체적인 제안이었던 것과 마찬가지로, 롱샹성당은 자신에게 주어진 종교적 과제를 또 다른 예술적 감성으로 빚어낸 합리적인 결과물이기 때문이다.

롱샹성당은 삶의 목적을 자연에 두고, 숲이 있는 그곳에 건물을 세우자 했던 어릴 적 스승과의 약속을 실현시킨 건축물로, 르 꼬르뷔지에에게는 특히 의미가 깊은 작품이다. 르 꼬르뷔지에는 스승을 떠올리며, 롱샹에 대해 다음과 같이 말한다. "이곳에 자연에 봉헌하는 기념비를 세울 것이며, 이 기념비를 우리 삶의 목적으로 삼을 것입니다." 롱샹성당은 지금까지 성지순례의 장소로서만이 아니라 건축기행의 명소로도 널리 알려져 있다.

___풍경風景의 음향

우선 르 꼬르뷔지에가 마음을 빼앗겨 설계에 응했다는 롱샹성당의 대지와 성당의 배치에 대해 잠시 살펴보자. 롱샹의 대지는 남동쪽으로는 시원하게 개방되어 있고, 북쪽으로는 계곡을 낀 마을이 내려다보이며, 동쪽은 울창한 숲, 서쪽은 넓은 평원이 펼쳐져 있는 전망이 좋은 곳이다. 성당으로의 진입은 마을에서부터 시작된다. 숲을 지나 가파르게 휘어진 언덕길을 500M 정도 오르면, 드디어 성당이 있는 평평한 대지에 이르게 된다.

대지의 남동쪽에 위치해 있는 진입로로 들어서면, 순례자들을 위한 단순한 형태의 숙소가 먼저 눈에 들어온다. 서쪽으로 조금 더 들어간 곳에는 관리자 숙소가 배치되어 있다. 대지를 경계 짓는 북동쪽 모서리에는 레지스탕스를 추모하기 위한 기념물인 계단형의 석조 피라

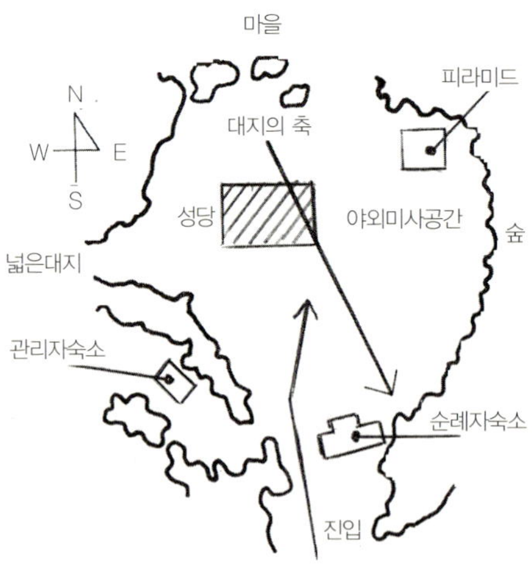

롱샹의 대지와 건물의 배치

순례자숙소와 계단식 피라미드

미드가 자리하고 있는데, 이는 야외미사 때 순례자들이 앉을 수 있는 곳이기도 하다. 애초에 야외미사의 좌석으로 쓰기 위해 대지의 동쪽에 둥그런 띠 모양의 콘크리트 둑을 계획했으나, 예산문제로 건축되지 못하고 대신 피라미드가 들어서게 되었다고 한다. 야외제단은 성당건물의 동쪽 벽면에 설치되어 있다. 르 꼬르뷔지에는 대지의 남동쪽과 북서쪽을 가로지르는 사선의 축을 긋고, 그 축의 가장 높은 곳에 성당을 배치했다.

르 꼬르뷔지에는 롱샹성당과 대지의 관계를 풍경의 음향으로 설명한다. "나는 롱샹의 언덕에 서서 주위 경관을 꼼꼼하게 종이 위에 옮겨 그렸다. 이 그림에서 건축적 음향, 즉 시각적 음향효과를 착상하게 되었다. 동서남북으로 펼쳐진 경관은 강력하게 실재實在하며, 각자의 소리를 울리고 있다. 성당은 네 방향을 향하여 묵시적으로 신의 음성을 전달하게 될 것이다." 르 꼬르뷔지에의 이런 의도는 마치 소리를 내고 있는 듯 흔들리는 종을 연상시키는 그림이 그려져 있는 초기의 스케치에 분명하게 나타나 있다. 롱샹성당의 계획은 이처럼 사방을 향

롱샹성당의 에스키스

미사실 상층부의 탑

종루

한 소리의 울림이라는 개념으로 시작되었으며, 실제로 성당의 평면도 종의 형태에 가깝다.

이 외에도 롱샹성당에는 또 다른 조형적 음향이 반영되어 있다. 그것은 배의 잠망경처럼 성당 위로 머리를 곧추세우고 있는 세 개의 탑인데, 이들은 주위에 있는 무언가를 흡수하기라도 할 듯 각기 다른 방향을 향해 귀를 열고 있다. 마치 종탑인양 솟아있는 이 탑의 정체는 성당 내부에 있는 소규모 미사실의 상층부로, 이들이 성당의 몸체 속으로 빨아들이고 있는 것은 역시나 빛이다. 롱샹에는 세 개의 종이 있긴 하지만, 그 종들은 중세의 성당들처럼 높은 곳에 매달려있는 것이 아니라 성당 밖 한쪽에 나지막하게 설치되어 있다. 각기 크기가 다른 이 종들은 각자 다른 소리를 내며 멀리 마을까지 울려 퍼진다.

롱샹의 지붕

희한하게 생긴 롱샹의 지붕 얘기에 들어가기 전에, 이 건물의 구조와 재료에 대해 잠깐 알아보자. 롱샹성당은 단순한 철근콘크리트 구조로, 파괴된 기존 성당의 잡석을 주요 골재로 하고 있다. 지붕을 떠받들며 하중을 지지하고 있는 것처럼 보이는 벽은 사실 철근 사이에 가벼운 재료들이 채워져 있다. 다른 부분들도 역시 콘크리트를 재료로 하고 있으며 외장은 거친 스프레이 뿜칠로 마감되었다.

롱샹성당의 구조적 핵심은 마치 벽과 분리되어 있는 것 같은 거대한 볼륨의 지붕이다. 탑들을 제외한 성당의 전부를 천막처럼 덮고 있는 이 지붕은 무척 육중해 보이지만 실제로는 그물처럼 짠 철근의 표면에 콘크리트를 얇게 입힌 것이다. 지붕은 4.6M(모듈러 기본치수의 2배) 간격으로 설치된 보Beam에 의해 지지되고 있으며, 2.26M(모듈러의 기본치수) 높이의 이 큰 보들은 벽 속에 감추어진 밀집한 기둥들이 받치고 있다. 천장과 벽 사이의 4인치 가량의 틈에는 유리가 끼워져 있다.

특이하다고밖에 말할 수 없는 성당의 지붕형태를 결정하기 위해 르 꼬르뷔지에는 많은 고민을 한 것 같다. 지붕의 최초 구상 스케치를 보면 오리, 기도하는 손, 수녀의 모자 등으로도 그려져 있지만, 그가 최종적으로 유추한 것은 게Crab의 껍데기다. "지금 내 제도판에는 언젠가 뉴욕 근교의 롱아일랜드에서 주워온 게의 껍데기가 놓여 있다. 이것은 2.5인치 두께의 얇은 콘크리트 막으로 덮인 성당의 지붕이 될 것이다. 지붕은 어리석게도 두꺼운 벽체 위에 놓일 것이다. 벽의 내부에는 기둥들이 숨겨져 있지만 지붕은 벽과 분리되어 기둥 위에 편안하게 놓여질 것이다. 지붕 아래 가느다란 띠창은 놀라운 일을 만들어낼 것이다."

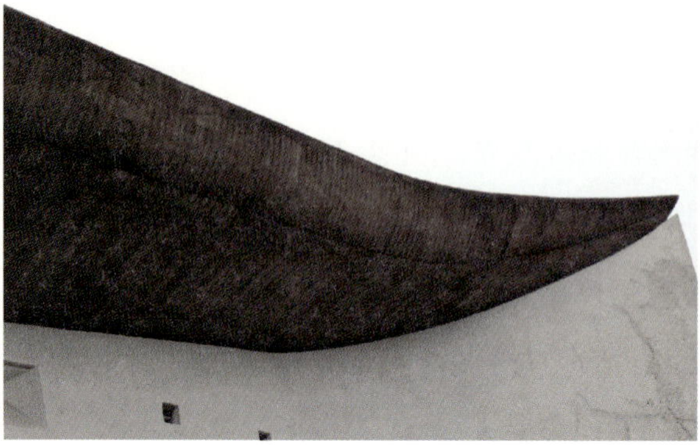 

롱샹성당의 지붕

건물에서 유일하게 색이 칠해져 있는 지붕은 온통 흰색으로 뒤덮인 성당의 몸체와 강렬한 대조를 이루고 있다. 대조성은 색채만이 아니라 형태에서도 나타난다. 지붕은 그 아래 벽체와 함께 수평적인 요소로 지각되며, 수직적 요소인 탑과 대비되고 있다. 지붕의 형태는 마치 날개를 펴고 하늘로 비상하기 일보직전의 자세를 취하고 있는데, 끝부분으로 갈수록 예리하게 휘어져 긴장감 있는 클라이맥스를 형성하고 있다.

지붕은 형태에서, 색채에서, 크기나 부피에 있어서 성당에서 가장 부각되는 부분이다. 말하자면, 다양한 악기들로 구성된 롱샹이라는 오케스트라에서 가장 독특한 음색을 내는 악기라고 할 수 있다. 또한 음악에서 모든 요소와 원리들을 통일시켜 하나의 교향곡을 구성하는 것과 같이 그 아래 모든 이질적인 요소들을 통합해 자신에게 종속시키고 있다.

한 마디로 지붕은 롱샹성당을 지휘하는 지휘자와 같은 존재이며,

지붕에 감싸여진 유기체들은 그 안에서 서로 어우러져 조화로운 소리를 내고 있다. 그러나 성당의 지배적 요소인 자신만은 해결점을 찾지 못하고 긴장된 채로 남아 하늘을 향하고 있다. 성당의 모든 것을 끌어안고 비상하려는 것일까?

___자유곡선의 유희

롱샹성당의 가장 큰 특징은 마치 찰흙을 손으로 주물러서 빚어놓은 것 같은 자유로운 형태다. 성당의 형태는 매우 복잡한 곡선으로 이루어져 있는데, 모든 벽은 물론이거니와 심지어는 천장과 바닥까지도 비스듬하게 기울어져 있다. 특히 심하게 휘어져 있는 남측 벽면은 벽면을 경계 짓는 가장자리마저도 수직선이 아니라 사선으로 기울어져 있다. 지붕의 윗면도 가운데가 오목하게 패여 있으며, 성당의 모든 선들은 끊임없이 구부러지고 휘어져 있다.

성당내부의 천장

남쪽의 벽

북쪽과 서쪽의 벽

롱샹성당에는 판이하게 다른 성격의 두 가지 유형의 벽체가 존재한다. 육중한 느낌의 남쪽과 동쪽의 벽은 어딘가를 향해 역동적으로 달려 나가는 '움직이는 벽' 이다. 남쪽 벽은 특히 변화가 심하다. 완만하게 유유히 흘러가다 일순 급류가 되어 강하게 휘몰아친다. 그리곤 예리한 각을 세워 위로 치솟는가 싶더니, 갑자기 폭포수가 되어 아래로 떨어진다.

남쪽 벽의 움직임은 무조음악을 연상시킨다. 특정한 조를 정하지 않고 임의대로 음계를 넘나들지만, 그 자유로움 속에는 질서가 부여되어 있다. 또한 불협화음으로 위기감을 조성하면서 속도 있게 전개시켜 나가는 음악과도 같다. 때로 돌출되어 음량을 키우고, 때로 후퇴하면서 음량을 줄이고, 다시 튀어나와 흘러가는가 싶더니 급하게 종지부를 가지면서 끝을 맺는다. 이 벽은 지붕과 함께 롱샹에서 가장 박진감 넘치는 노래를 들려준다.

남쪽과 동쪽의 벽에 비해 비교적 얇은 부피의 서쪽과 북쪽의 벽은 부드러운 느낌의 벽이다. 이 두 벽은 성당의 몸체를 온화하게 '에워싸는 벽' 이다. 작곡가가 음악에서 성격이 다른 두 주제를 등장시켜 대조의 효과를 노리는 것처럼 르 꼬르뷔지에는 롱샹에서 완전히 다른 성격의 두 벽을 극적으로 대비시키고 있다. 그러나 이 두 유형의 벽은 서로 분리되어 있는 것이 아니라 유기적으로 서로 맞물려 조화로운 소리를 울리고 있다.

___동선과 축에 의한 산책

롱샹성당은 걸으면서 관조하는 건축적 산책의 의미가 르 꼬르뷔지에의 다른 어떤 건축물보다 풍부하게 함축되어 있다. 롱샹의 건축적 산책로는 성당의 내부와 외부 동선, 그리고 축에 의해 생성된다. 동선과 축의 흐름에 인도되어 안으로 밖으로 걸어다니다 보면, 사람의 움직임에 따라 변화되는 다양한 장면들을 만나게 된다.

외부 동선은 순례자들의 숙소가 있는 대지의 남동쪽에서부터 시작된다. 진입을 시작해 숲이 있는 서쪽으로 약간 돌아서 다시 나오면 성당으로 향하는 길이 자연스럽게 이어져 있다. 이 길을 따라 지붕의 끝이 암시하는 곳에 다다르면 야외제단이 먼저 눈에 들어온다. 성당의 출입구는 남쪽 벽과 동쪽 벽이 만나는 접점에 있다. 방문객들은 전통적인 성당의 상징적인 입구가 아닌, 벽체가 강하게 마주치는 날카로운 모서리에서 받아들여진다. 롱샹에는 남동쪽 끝의 출입구 외에 두 개의 출입구가 더 있는데, 하나는 북쪽 벽과 서쪽 벽이 만나는 곳에, 다른 하나는 서쪽 벽과 남쪽 벽이 만나는 곳에 위치하고 있다. 이처럼 모든 출입구는 롱샹의 입체를 대담하고 강렬하게 분절시키고 있다.

롱샹에는 남동쪽 출입구를 기점으로 해서 건물 주변을 한 바퀴 돌

남쪽 출입구

남동쪽 출입구와 야외제단

아가는 또 하나의 외부동선이 존재한다. 출입구에서 시작해 어느 쪽으로든 돌아 다시 출입구에서 만나게 되는 이 시작점과 끝점을 르 꼬르뷔지에는 알파와 오메가로 표현하고 있다. 알파와 오메가는 건축적 산책로의 '시작점Timeless Beginning'과 '끝점End of Time'을 의미한다. 르 꼬르뷔지에는 롱샹을 교향곡에 자주 비유했는데, 외부동선의 이 시작점과 끝점은 음악의 도입부이자 종지부인 셈이다.

건축적 산책은 성당의 내부에서도 펼쳐진다. 성당 안을 천천히 걸어 다니다 보면, 벽과 창과 빛이 여러 가지 모습으로 바뀌어가는 감동적인 장면들을 만나게 된다. 내부든, 외부든 롱샹에서 이루어지는 모든 동선은 이처럼 건축적 산책로의 역할을 하고 있다. 롱샹의 공간에는 산책으로서의 시간 외에 또 다른 상징적인 시간이 공존한다. 그것은 시대를 초월한 과거와 현재의 시간이다. 고대의 동굴을 연상시키는 거칠고 두툼한 벽, 빛을 통해서 연출되는 성당 내부의 신성한 분위기는 현재의 시간을 거슬러 올라가 과거의 시간과 닿아있는 듯하다.

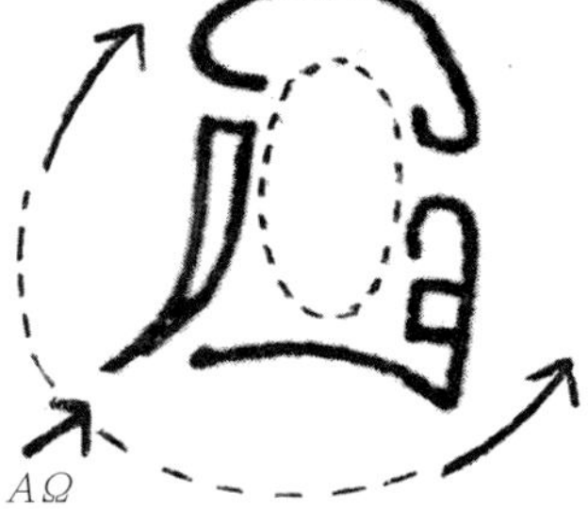

내부와 외부의 동선

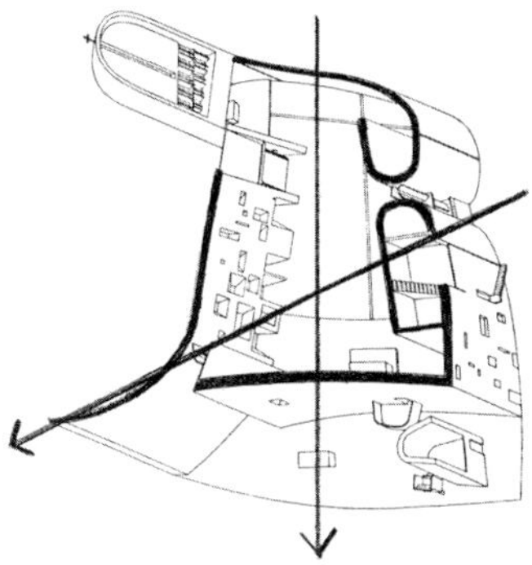

성당 내부의 축

성당 내부에는 두 개의 축軸이 형성되어 있다. 하나는 동서를 가로질러 야외 제단의 중심을 통과하는 직선 축이다. 연단이나 의자 등 성당의 모든 배치는 이 직선의 축을 따르고 있다. 다른 하나는 북쪽 출입구에서 남동쪽 출입구를 향해 사선으로 통과하는 축으로 이 축은 정확하게 지붕의 끝선과 일치한다. 실질적인 축은 이 사선의 축이다. 성당 내부에서 이루어지는 사람들의 동선은 은연중에 형성되어 있는 이 축을 따라 이동한다.

르 꼬르뷔지에는 동선과 축을 시간적인 흐름으로 간주하며, 사람이 이동하는 중에 스스로 만드는 것이라고 말한다. 그러나 롱샹성당의 동선과 축은 다분히 의도성이 엿보인다. 그의 의도는 말하지 않아도 건축적 산책의 안내 역할이란 것을 알 수 있다. 그는 롱샹의 산책을 유도하기 위해 보이지 않는 축과 함께 끊임없이 휘어지는 곡면의 벽을 사용했는지도 모른다. 사람의 움직임에 따라 시시각각 변해가는 성당의 형체는 시간의 흐름에 따라 다양하게 전개되는 음악과 무척 닮아 있다.

빛과 리듬

롱샹성당의 크기와 모양이 다양한 창들, 미사실 위의 탑, 토수구吐水口와 빗물받이, 외부 제단과 같은 여러 요소들은 마치 조각품처럼 건물에 활동적인 리듬을 부여한다. 이 중에는 르 꼬르뷔지에의 일생을 통한 여행에서 비롯된 인상적인 이미지들도 반영되어 있다. 남쪽 벽면의 깊은 창들은 전통적인 이슬람 건축의 창에서, 미사실의 탑들은 이스키아Ischia, Italy섬의 건물 꼭대기 환기창을 반영한 것이다.

롱샹성당은 전기조명이 전혀 없이 자연채광과 촛불에만 의지하고 있다. 성당의 내부에서는 각기 개성을 가진 여러 가지 빛들이 다양한 형태의 개구부를 통해 실내로 흘러 들어오고 있다. 신비한 분위기를 자아내는 이 빛들은 실내의 어둑하고 성스러운 분위기와 극적으로 어우러져 강렬한 리듬을 형성하고 있다.

전통적인 이슬람 건축의 창

남쪽 벽면의 창

이스키아 유적의 삼각형 환기창

채광탑, 토수구와 빗물받이

대부분 남쪽과 북쪽 벽에 집중되어 있는 창들은 마치 벽면에 흩뿌려놓은 듯이 매우 불규칙한 리듬으로 배치되어 있다. 실내로 유입되는 빛은 주로 남쪽 창에서 채광된 것들이다. 색유리가 끼워진 27개의 남쪽 창에서는 다채로운 빛의 조각들이 쏟아져 나와 시시각각 다른 모습으로 롱샹의 공간을 채운다. 특이하게도 이 창들은 내부와 외부의 크기가 모두 다른데, 이는 두텁고 경사진 벽으로 인해 가능할 수 있었다. 남쪽 벽은 맨 아래가 3.6M, 맨 위는 0.35M로, 위로 갈수록 폭이 점점 감소되고 있다.

채광탑에서 흘러 들어오는 빛은 남쪽 창의 강하게 쏟아지는 빛과는 또 다른 묘한 분위기를 연출한다. 성모상이 안치되어 있는 동쪽 벽의 창에서는 마치 후광처럼 빛이 쏟아지며, 지붕과 벽 사이의 틈에서는 은은한 빛의 줄기가 연속적인 리듬으로 이어진다. 르 꼬르뷔지에는 "건축은 빛 아래서 펼쳐지는 입체들의 교묘하고, 정확하며, 장엄한 연

성당 내부의 남쪽 창

남쪽창의 색유리

채광탑 내부의 빛

출"이라고 말한다. 그의 말처럼 롱샹의 공간은 빛이라는 감동적인 매체를 통해서 연출되고 있는 것이다.

롱샹성당에는 여러 가지 성격이 혼재된 대단히 복합적인 리듬이 구사되고 있다. 빛과 입체들이 만들어내는 이러한 리듬은 사람을 흥분시키는 긴장과 편안하게 하는 친밀감을 동시에 내포하고 있다. 음악에서는 안도감을 주기 위해 의도적인 불안을 조성하기도 하는데, 이러한 반작용의 효과를 얻기 위해 보편적으로 사용하는 수법이 불협화음의 사용이다. 불협화음에 의해 발생하는 긴장은 곧바로 협화음(어울림 음정)으로 해결해 주거나 약간의 시간차를 두고 해결하기도 한다. 롱샹 성당의 편안함, 신성함, 신비로움, 친밀감 등의 복합적인 속성들은 때로는 불협화음으로, 때로는 협화음으로 완화되어 흘러가는 음악과도 같다.

조화와 비례

롱샹성당은 사회적, 종교적으로는 일반적인 기능을 수행하지만 그 형태와 성당 내부의 신비한 분위기는 그 이전에 결코 유래를 찾아볼 수 없는 건축물이다. 성당의 형태는 무척 자유롭고 복잡해 보이지만 모든 치수는 정확한 비례체계에 의해 계획되어졌다. 성당의 지붕 높이는 모듈러의 기본치수인 2.26M이고, 바닥에서 지붕의 하단까지는 기본치수의 두 배인 4.52M다. 출입문과 바닥의 경사, 설교단, 심지어는 성모상, 십자가와 같은 부속물의 치수도 모듈러에 의해 결정되었다. 물론 성당의 창들도 모두 모듈러에 의해 계산된 것이다. 그러나 르 꼬르뷔지에는 건물 각 부분의 치수를 사람들이 즉시 알아채는 것을 원하지 않은 듯하다.

"나는 롱샹을 침묵, 기도, 평화, 그리고 영적인 환희가 넘치는 곳으로 창조하고 싶었다. 더 나아가 수학의 모든 공식을 동원하여 유희적이면서도 감각적이고 세련된 장소로 만들고 싶었다. 모듈러는 모든 곳에 적용된다. 그러나 나는 방문객들에게 건물의 여러 부분들의 차원을 즉시 전달하기를 원치 않는다." 실제 롱샹에서는 큰 것이 그리 크게 느껴지지도, 작은 것이 그리 작게 느껴지지도 않는다.

롱샹성당이 교향곡이라고 일컬어지는 이유는 조화로운 비례체계와 함께 음악적 속성을 가진 르 꼬르뷔지에의 건축언어들이 풍부하게 내포되어 있기 때문이다. 또한 악기가 가진 본래의 음색을 최대한 살리면서도 균형 있게 통일시킨 오케스트라의 편성과도 같은 구성 때문이기도 하다. 흘러가는 시간 속에서 다양하게 선율을 바꾸어가는 음악처럼 롱샹성당은 사람의 움직임과 하루의 시간에 따라 모습을 바꾸어 가며 건축의 노래를 들려준다.

〈건축예찬〉의 저자 폰티는 롱샹에 대해 다음과 같이 예찬한다.

"롱샹성당은 현대화된 흔한 교회가 아니다. 롱샹은 기존의 어떤 건축물도 본받지 않았으며, 이전에 르 꼬르뷔지에 자신이 만든 어떤 건축물마저도 본받지 않았다. 롱샹성당은 전례가 없는 완벽한 건축물이며, 불순물이 섞이지 않은 순수한 창조물이다. 일상적인 교회건축이라는 용어는 거기에 어울리지 않는다. 거기에서는 종교의 본질적인 활력이 넘쳐흐른다. 그리고 그 형태는 마치 어린이들의 꿈처럼 사람들에게 본능적인 영감을 준다."

라 뚜렛 수도원Couvent Saint-Marie-de-la Tourette

롱샹성당의 설계를 의뢰한 바 있는 꾸뜨뤼에 신부는 또 다시 르 꼬르뷔지에에게 성당을 포함한 수도원의 설계를 맡긴다. 라 뚜렛 수도원은 프랑스 리옹Lyon 근교의 에브 쉬르 아브렐Eveux-sur-Arbresle이란 곳에 위치해 있으며, 1953년에 설계에 착수해 1956년에 착공, 1959년에 완공되었다. 르 꼬르뷔지에 말기의 또 하나의 걸작인 이 수도원은 부드러운 느낌의 롱샹성당과는 달리 수도원에 걸맞게 금욕적인 분위기를 풍기는 건축물이다. 이 수도원은 근대건축의 5원칙과 건축언어를 포함한 르 꼬르뷔지에의 고유한 수법이 모두 담겨있는 건물이지만 그 형태는 무척 단순하고 명쾌하다.

___라 뚜렛 수도원의 배치와 구성

르 꼬르뷔지에는 라 뚜렛 수도원을 설계하면서 이탈리아 갈루쪼 Galluzo의 카르투지오Carthusiensis 수도원의 공간구성을 상당부분 참고한 것으로 알려져 있다. 르 꼬르뷔지에는 20세 때, 이 수도원을 방문한 적이 있는데, 넓은 중정에 둘러싸인 성당과 수도원의 간결하고 조화로운 구성에 깊은 감명을 받았다고 한다. 또한 그는 라 뚜렛의 설계를 수락한 후, 꾸뜨뤼에 신부의 권유로 프로방스 지방의 또르네Le Thornet수도원을 견학하게 되는데, 거기서 다시 한 번 수도원의 영적인 공간에 감동받게 된다.

밑에서부터 위로 차곡차곡 채워나가는 보통의 건물들과는 달리 라 뚜렛은 위에서부터 출발하고 있다. 지붕의 평면이 기본평면이 되고, 그 밑으로 필요한 공간을 채워나가는 방식이다. 건물은 크게 수도원과 성당의 두 부분으로 나뉘며, 기능적으로는 영적구역인 성당, 수도자들의 사적구역, 그리고 공공시설이 집합되어 있는 공적구역으로 구분되어 있다. 이 세 개의 영역은 중정 사이의 십자형 복도에 의해 바람개비처럼 연결되어 있다.

가파른 경사지 위에 'ㄷ' 자 형으로 서 있는 수도원 건물의 상부 2개 층은 100여 개의 수도자들의 숙소가 배치되어 있으며, 하부 3개 층

라 뚜렛 수도원의 남서측 입면

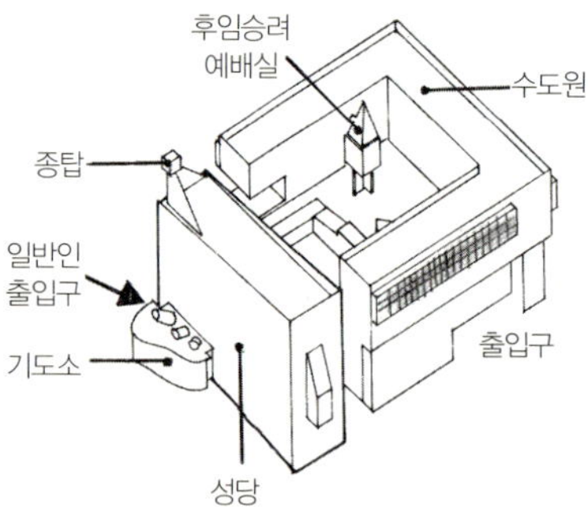

라 뚜렛 수도원의 입면구성

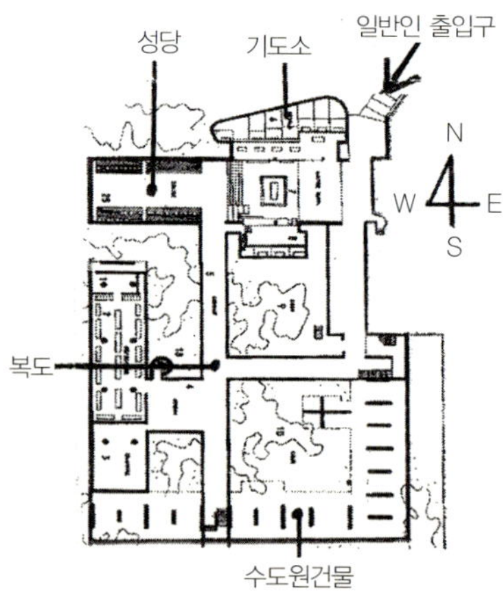

라 뚜렛의 평면

은 식당, 도서관, 강의실, 휴게실 등의 부대시설로 구성되어 있다. 수도원의 빈틈에 꼭 들어맞게 일자형으로 배치되어 있는 북쪽의 성당 건물은 본당과 성구보관소Sacristy, 기도소Crypt로 구성되어 있다.

수도원 내의 모든 지붕에는 얕은 층의 흙이 덮여 있는데, 이는 옥상정원의 역할과 함께 건물을 보온하는 역할도 하게 된다. 재료는 제물치장 콘크리트로, 스프레이로 뿜칠마감을 한 롱샹과는 달리 아무런 마감 없이 콘크리트 본래의 재질이 그대로 노출되어 있다. 이처럼 라 뚜렛은 현란한 장식이 없이 중세의 수도원처럼 소박하고 검소한 외관과 함께 수도사들에게 꼭 필요한 기본적인 시설로만 채워져 있다. 라 뚜렛 수도원의 모든 치수는 롱샹에서와 마찬가지로 모듈러에 의해 결정되었다.

기하학의 노래

은둔생활을 위해 깊은 숲속에 외따로 떨어져 있는 대개의 수도원과는 달리 라 뚜렛은 도시의 중심부에 자리 잡고 있다. 그러나 대지는 주위에 숲을 가진 자연 속에 위치하고 있으며, 수도원은 자연의 훼손을 최소화하면서 초원의 비탈면에 놓여 있다.

라 뚜렛은 위치성에서도 모순을 내포하고 있지만, 이 외에도 여러 가지 모순성이 내재되어 있다. 우선 기계적인 경직성을 물씬 풍기면서도 자연과 동화되어 있는 건물의 형태가 다분히 모순적이다. 대지와 건물의 관계는 더더욱 모순적인데, 삼면을 두르고 있는 수도원 건물은 울창한 숲에 싸여 주변환경에 순응하는 것 같지만, 한편으로는 바다 위에 떠 있는 배처럼 필로티에 의해 대지와 확실히 분리되어 있다. 이와는 대조적으로 성당 건물은 필로티 없이 지면에 깊이 뿌리를 내리고 있어 대지와 통합을 이루고 있는 듯하다. 그러나 성당 역시도 정면이 아닌 후면이 중정과 접해 있어 대지와는 등을 지고 있다. 이로써 중정은 건물과 소통 없이 자연 그대로의 여백으로 남아 하나의 독립된 외부공간으로 존재하게 되었다. 라 뚜렛의 대지와 건물은 서로 통합하는 것 같으면서도 한편으로는 맞서 대항하며, 각자의 성격을 고수하고 있다.

성격이 강한 대조적 요소들이 대지와 경합하면서 전체적으로는 조화를 이루는 라 뚜렛의 구성방식은 음악의 협주곡協奏曲, Concerto과 유사하다. '경합하다Concertare' 라는 뜻의 라틴어에서 유래된 협주곡은 독주악기와 오케스트라를 위한 기악곡이다. 주인공이 되는 독주악기는 자신만의 독창적인 연주 기교를 구사하면서 오케스트라와 대립적으로 경합해 나간다. 그러나 전체적으로는 오케스트라와 통합을 이룬다. 예리한 지붕이 하늘로 비상하는 롱샹성당이 날카로운 음색의 바이올린 협주곡이라면, 위에서부터 시작해 땅 속으로 묵직하게 파고드는 라 뚜렛은 굵직한 음색의 첼로협주곡에 비유할 수 있다.

라 뚜렛 수도원은 정방형의 건물이지만 수도원과 성당이 완전히 접합되지 않고 분리되어 있다. 수평적 요소인 수도원과 수직적 요소인 성당 사이의 이 함축된 공간은 성당과 수도원을 경계 짓는 역할을 하는 동시에 다른 영역으로의 진입을 암시하는 전이공간의 역할도 함께 한다. 대비적 성격의 두 건물 사이에 극적인 긴장감을 연출하는 이 공간은 음악의 간주곡間奏曲, Intermezzo에 비유할 수 있다. 오페라나 극음악의 막간에 잠깐 연주되는 간주곡은 건축의 전이공간과 같이 장면의 바뀜을 암시해주는 동시에 관객의 기분까지 전환시켜주는 역할

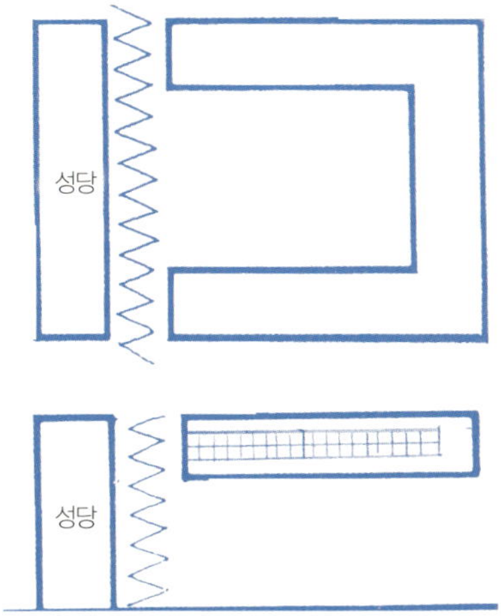

라 뚜렛 수도원의 전이공간

수도원과 성당 사이의 전이공간

을 한다.

___라 뚜렛의 빛과 시각적 음향

라 뚜렛 수도원은 전체적으로 볼 때, 시각적인 형태의 표출이 지극히 억제되어 있는 듯하다. 그러나 성당의 양측에 설치되어 있는 기도소와 성구보관소, 종탑, 피라미드 형태의 예배실과 같은 부속체들은 단순하고 소박한 라 뚜렛의 기본 입체에 다양성과 활기를 불어넣어 주고 있다.

특히 기도소와 성구보관소는 형태에서 강렬한 대조를 이루며, 라 뚜렛에서 극적인 요소로 부각된다. 기도소는 그랜드 피아노의 몸체와 같은 곡면으로, 그 반대편의 성구보관소는 직육면체로 되어 있다. 이 두 부속체의 지붕에는 각기 시각적 음향을 상징하는 채광창이 솟아 있어 실내로 빛을 빨아들이는 역할을 한다. 이 채광창의 모양도 한쪽은 둥글고 한쪽은 다이아몬드처럼 각이 져 대조적인데, 이 특이한 두 유형의 채광창을 혹자는 대포와 기관총에 비유하기도 한다.

두 채광창에서 유입되는 빛 또한 무척 대조적이다. 각자 다른 방향을 향해 귀를 열고 있는 세 개의 기도소 채광창에서는 강렬한 성격의 태양광이 쏟아지며, 성구보관소의 7개의 채광창에서는 부드러운 빛이 확산되어 실내로 퍼져나간다. 여기에 성당의 천창에서 직접적으로 떨어지는 빛, 벽의 수평과 수직의 틈새로 들어오는 빛이 합류해 롱샹과는 또 다른 느낌의 빛의 공간이 연출되고 있다.

성당건물

중정 내부

기도소

성구보관소

성당 내부의 빛

라 뚜렛에서 가장 돋보이는 영역인 성당에 대해 르 꼬르뷔지에는 다음과 같이 말한다. "수도원의 중심인 성당은 모든 사물들의 본질적인 질서를 구현하게 될 것이다. 성당의 내부에서는 환희에 찬 음악과 현絃의 부드러운 선율이 우리에게 감동을 요구하고 있다."

라 뚜렛의 리듬과 건축적 산책

라 뚜렛 수도원은 직접적이고 명료한 형태의 건물이지만 르 꼬르뷔지에의 독특한 수법들이 한데 어우러진 복합적인 건물이기도 하다. 기계적인 형태의 건물이 대지에 순응하면서도 대응하는 방식은 사부아주택에서, 규칙적이고 반복적인 숙소들의 단위는 유니떼 다비따시옹에서, 성당과 부속체 간의 유동하는 공간구성은 롱샹성당에서 쓰였던 수법들이다. 또한 롱샹에서 그랬던 것처럼 그 속에는 경건함, 섬세함, 거칠음, 매끄러움 등이 혼합되어 있다.

라 뚜렛에는 복합적인 의미 못지않은 복합적인 리듬도 존재한다. 라 뚜렛의 리듬은 필로티에 의해서, 자연 그대로 비어있는 중정에 의해서, 활동성을 불어넣어 주는 부속체들에 의해서, 그리고 실내의 빛과 그림자에 의해서 생성된다. 그러나 무엇보다 라 뚜렛을 리드미컬하게 만들어 주는 요소는 브리즈 솔레유Brise-Soleil와 파동형波動形 수직루버Louver다. 르 꼬르뷔지에는 라 뚜렛을 계획하면서 수직적 요소인 성당건물과 수평적 요소인 수도원 건물을 어떻게 하면 효과적으로 대비시킬 수 있을까에 대해 고심했다고 한다. 이 해결을 위해 그가 선택한 것이 브리즈 솔레유와 수직루버다.

수도자들의 숙소가 모여 있는 수도원 건물의 상부 2개 층에는 르 꼬르뷔지에 특유의 격자형 차양인 브리즈 솔레유가 반복적으로 설치

브리즈 솔레유와 수직루버

되어 있다. 르 꼬르뷔지에의 다른 건물들에서도 익히 보았던 이 차양들은 직사광선으로부터 실내를 보호하는 역할과 함께 건물에 규칙적인 리듬을 부여하고 있다. 이와는 대조적으로 중정의 연결복도와 수도원 건물의 하부 3개 층에는 수직선이 강조된 루버가 리듬감 있게 배열되어 있다. 라 뚜렛에서 최초로 도입한 이 수직루버들은 크세나키스의 음악작품인 '메타스타시스'에서 그 구성을 차용하여 제작된 것이다. 루버들은 질서 없이 매우 불규칙해 보이지만, 사실 치밀하게 계산된 음악적 간격과 모듈러에 의해 설치된 것이다. 브리즈 솔레유와 마찬가지로 실내를 태양광선으로부터 보호하는 역할을 하는 이 루버들은 딱딱하고 완고한 콘크리트 표면에 섬세하고 서정적인 리듬을 조성하고 있다.

스미스Peter F. Smith는 〈건축과 인간적 치수Architecture and Human Dimention〉라는 책에서 루버와 브리즈 솔레유가 만들어내는 라 뚜렛의 리듬에 대해 다음과 같이 말한다.

수직루버에 의한 빛과 그림자

"수직적 차원인 아래의 3개 층과 수평적 차원인 돌출된 위의 2개 층은 대조적인 관계에 의해 리듬이 창출되고 있다. 그것은 베토벤의 5번 교향곡 운명의 도입부와 마찬가지로, 처음에 정상적인 세 개의 음이 나오고, 그 다음에 하나의 강조된 음이 뒤따르는 것과 같은 이치다." 남성적인 강한 느낌을 주는 베토벤 5번 교향곡의 동기는 라 뚜렛의 강건한 이미지와 무척 닮은 것 같기도 하다.

라 뚜렛 수도원에는 롱샹성당과 같은 방식의 건축적 산책은 거의 적용되어 있지 않다. 라 뚜렛의 동선들은 롱샹처럼 유동적이지 못하고 서로 교차하고 있으며, 내부와 외부공간의 통합도 없다. 다만, 라 뚜렛의 모든 동선은 제일 깊숙한 중심인 성당을 향해서 밑으로만 흘러가고 있을 뿐이다. 그러나 루버가 설치된 수도원 내부, 그리고 중정의 복도에서는 놀라운 광경이 펼쳐진다. 무수한 수직루버들이 마치 물결이 일

렁이는 것 같은 묘한 그림자를 바닥에 만들어 놓고 있다. 경외감마저 불러일으키는 이 그림자의 리듬을 타고 라 뚜렛의 건축적 산책은 전개된다. 사람의 움직임에 따라 리드미컬하게 변화되어가는 빛과 그림자, 그리고 창 밖으로 스쳐가는 다양한 오브제들은 보는 이에게 감동적인 경험을 안겨준다. 건축은 걸으면서 체험할 수 있다는 건축적 산책의 진수를 보여주는 장면이다.

라 뚜렛 수도원의 기하학적인 형태는 조형성이 풍부한 롱샹성당과는 극히 대조적이다. 공간의 구성도 엄격함을 지향하는 수도원에 맞게 단순하고 정교하며 동선 또한 최소한으로 절제되어 있다. 그러나 그 단순함 속에는 리듬을 비롯한 음악적인 표현도 풍부하게 들어있다.

엄정한 가운데 변화 있게 전개되는 라 뚜렛의 구성형식은 엄격한 대위법적 기법을 구사하는 푸가형식과 흡사하다. 푸가는 소수의 음으로 이루어진 단순한 주제를 매우 복잡하게 발전시켜 나간다. 성격이 다른 독자적인 선율들이 수평으로 전개되어 나가면서 수직구조인 화성과도 유기적으로 통일된다. 바늘 하나 들어가지 않을 것처럼 치밀하게 계산된 푸가의 틀 안에는 음악의 모든 기법이 담겨 있다. 이처럼 고도의 기계적인 기법과 엄격한 제약이 따르는 곡이지만, 그 내용은 라 뚜렛과 마찬가지로 대단히 풍부하고 자유롭다.

필립스관Philips Pavilion

르 꼬르뷔지에는 롱샹과 라 뚜렛을 설계하는 동안에도 유럽과 아시아 등지에서 왕성한 활동을 펼친다. 1956년, 필립스사Philips Company는 거의 칠십에 가까운 노장의 건축가에게 브뤼셀 만국박람

필립스관

회The Universal Exhibition in Brüssels에 출품할 전시관을 의뢰한다. 필립스관은 모듈러의 제작과 라 뚜렛 수도원의 설계에서 비중 있는 역할을 했던 크세나키스의 협조하에 1958년에 완공되었다. 당시에 음악의 장場이 되었던 이 건축물은 지금은 존재하지 않으며, 단지 몇 장의 설계도면과 사진, 그리고 소량의 음악악보와 필름만이 남아 있을 뿐이다. 이 자료들은 르 꼬르뷔지에 제단과 필립스사, 미국 LA에 위치한 게티 센터Getty Center의 특별전시관에 소장되어 있다.

필립스관의 재료는 경량 철근콘크리트이며, 천막과 같은 포물면의 외피는 초박형의 조립식 패널Precast Panel이 뒤덮여 있다. 패널 위에는 높은 인장력을 가진 7mm 두께의 강선Wire이 50cm 간격으로 그물처럼 얽혀 있다. 전시관의 내부는 흰색의 시멘트 뿜칠로 마감되었으며, 건물 주변에는 인공연못과 함께 나무와 잔디, 그리고 튤립이 심어졌다. 500명의 인원밖에 수용하지 못하는 작은 규모의 이 건물은 롱샹과 라뚜렛에서와 마찬가지로 모듈러를 바탕으로 제작되었다.

___전자시

롱샹과 라 뚜렛에 묘사된 음악적 표현들은 의미나 형태에 있어서 다분히 간접적이고 은유적인 속성을 내포하고 있다. 그러나 필립스관은 특정한 음악작품을 직접 유추한 건축물로 그 표현방법이 매우 구체적이다. 필립스사의 이미지에 부합하듯 전자음악과 건축공간이 극적으로 결합된 필립스관에 대해 르 꼬르뷔지에는 전자시電子詩라고 이름 붙였다. “이 건물은 필립스사를 위한 단순한 건물이 아니다. 소리와 빛, 그리고 색채와 리듬이 통합된 하나의 전자시가 될 것이다.”

필립스관의 개관식에서는 전자음악의 아버지로 불리는 작곡가 에드가 바레즈Edgar Varese의 〈전자시Poéme Electronique〉라는 8분짜리 테이프음악이 영상과 함께 상연되었다. 10분 동안 펼쳐진 이 공연을 위해 400여 개의 스피커가 입체적으로 설치되었는데, 이 스피커를

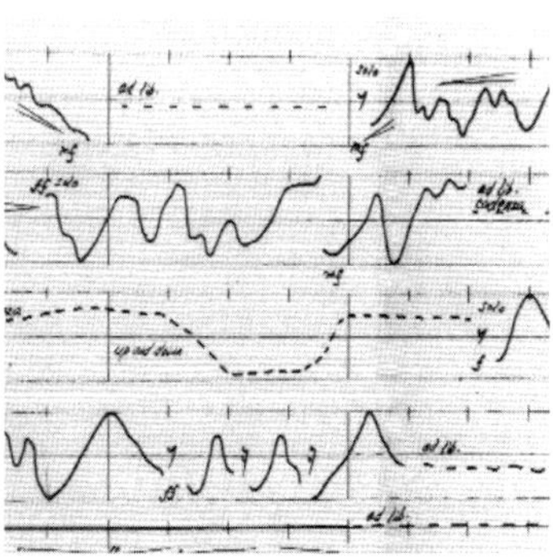

바레즈의 구상스케치

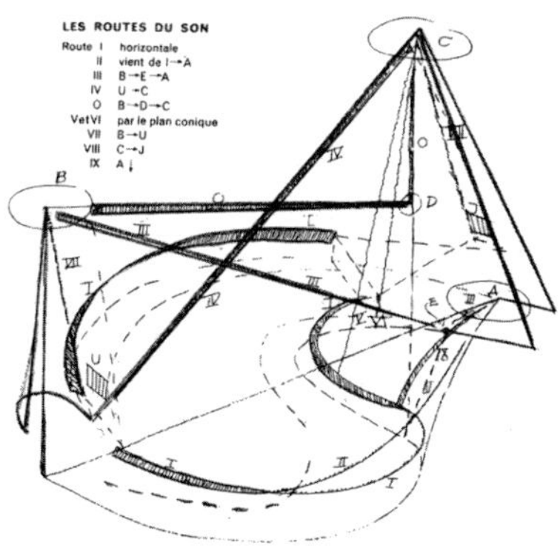

음향의 흐름 구조

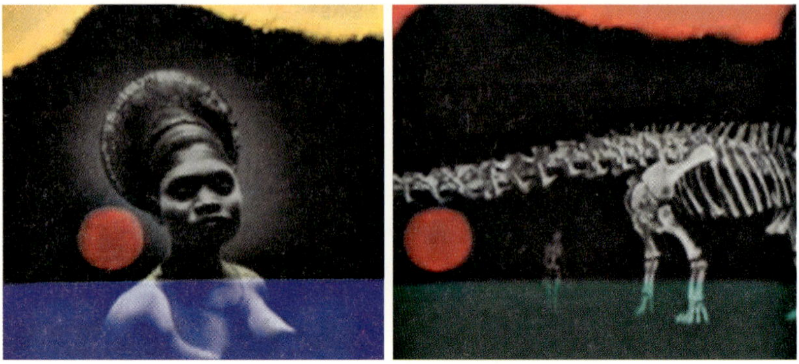

필립스관에서 상연된 영상물의 일부

통해 중얼거리는 듯한 목소리의 소프라노 독창과 합창, 땡그랑거리는 종소리, 오르간과 삑삑거리는 사이렌의 고주파 전자음향들이 방사되어졌다. 이와 동시에 아프리카 토인의 얼굴, 공룡의 뼈, 기괴한 형상의 가면과 같은 영상들을 벽면에 투영시켜 음악과 영상과 색채가 전시관 내부를 가득 채우도록 연출되어졌다. 또한 관객들의 출입을 위해 간격을 둔 2분 동안에는 크세나키스의 〈Concréte P.H〉라는 곡도 연주되었다. P.H는 쌍곡 포물면Hyperbolic Paraboloid의 약자로 이 음악은 필립스관의 구조와 같은 형식으로 만들어진 전자음악이다.

___쌍곡 포물면과 황소의 뿔

비대칭으로 날카롭게 서 있는 필립스관은 즉각적으로 감응을 주는 매우 명료한 형태의 건축물로, 쌍곡 포물면이라는 특이한 구조로 되어 있다. 쌍곡 포물면은 말 그대로 쌍곡선Hyperbola과 포물선Parabola이 합해진 면체面體다. 정밀한 계산이 요구되는 이 형태는 시공상의 난점이 있기는 하지만, 보는 각도에 따라 직선과 곡선이 여러 가지 모습으로 변화되어 시각적인 즐거움을 준다. 종래에 볼 수 없었던 이 기묘한 형상이 모습을 드러내자 사람들은 매우 놀라워하며, 미래에 도래하게 될 새로운 건축의 모델을 제시한 것으로 평가했다. 이러한 예견을 증명이라도 하듯이 곧이어 한스 샤로운Hans Scharoun의 베를린 필하모니Berliner Philharmonie콘서트홀이 선을 보이며, 또 한 번 세간의 이목을 집중시키기도 했다.

필립스관의 최초의 아이디어가 그려진 스케치를 보면, 병의 목Bottle Neck을 연상시키는 형태가 그려져 있다. 이러한 형태는 찬디가르 주의회의사당의 조형물에서 그 원형을 찾아볼 수 있으며, 이후의 작품인 생 피에르 성당에서도 나타나고 있다. 원추형에 가까운 이 두 포물면은 상부가 절취되어 있어 훨씬 완화된 느낌을 주는 데 비해 필립스관의 포물면은 면의 분절 없이 곧바로 정점을 향해 긴장감 있게 뻗어나가고 있다. 필립스관의 팽팽하게 쳐진 천막과 같은 형태는 롱샹 성당의 지붕에서 좀 더 진전된 것이기도 하다.

보는 각도에 따라 변화되는 입면

필립스관의 최초 스케치

아이콘 시리즈

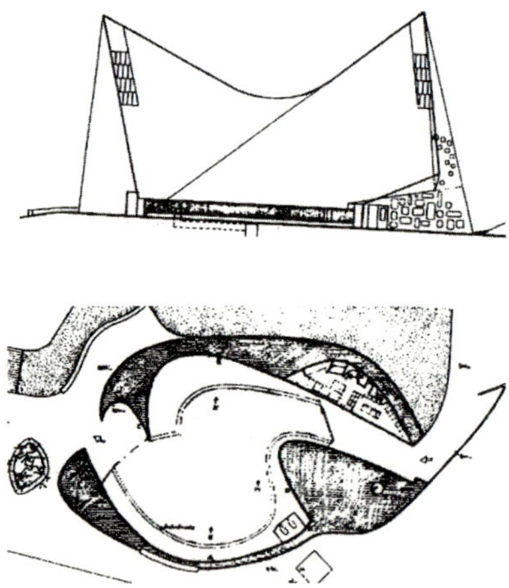

입면과 평면

필립스관은 외형에 못지않게 평면의 구성도 매우 특이한데, 원만한 자유곡선의 평면과 수직의 느낌이 강한 입면은 대조를 이루면서도 절묘한 조화를 이루고 있다. 이 건물의 평면은 소의 위장과 같은 모양을 하고 있다. 이 독특한 입면과 평면의 형태는 일찍이 르 꼬르뷔지에의 그림 아이콘Icône에서 그 이미지를 찾아볼 수 있다. 황소를 주제로 하고 있는 아이콘은 1940년 이후 위뷔, 오종과 함께 제작된 회화 시리즈물이다. 이 그림에 나타나 있는 황소의 뿔과 위장은 필립스관의 형태와 똑같이 닮아 있다.

글리산도의 향연

필립스관은 크세나키스의 대표곡 〈메타스타시스Metastasis, 1954〉의 구성을 그대로 적용시킨 실험적인 건축물이다. 그리스어로 '논리적 변형'을 뜻하는 메타스타시스는 추계음악에 의해 작곡되어진 관현악곡으로 라 뚜렛의 파동형 수직루버에도 차용되어졌다. 이 곡의 구성은 크세나키스의 단골수법인 글리산도Glissando를 토대로 하고 있는데, 시작부터 끝까지 글리산도의 집합체들이 상승과 하강을 반복하며 자유자재로 미끄러져 다닌다. 크세나키스는 수학과 컴퓨터에 의해 정밀하게 계산되어진 글리산도의 시작점과 끝점, 기울기, 간격 등을 필립스관의 구조에 곧바로 연결시키고 있다.

크세나키스는 글리산도를 직선의 관점에서 보고 있다. "나는 글리산도를 음악 공간 속의 직선과 같이 생각한다. 이것은 연속적으로 변화하는 공간을 기하학적으로 구성할 수 있게 해준다." 그의 말처럼 글리산도는 시각적인 속성이 다분하다. 우리의 귀는 불연속적인 소리보

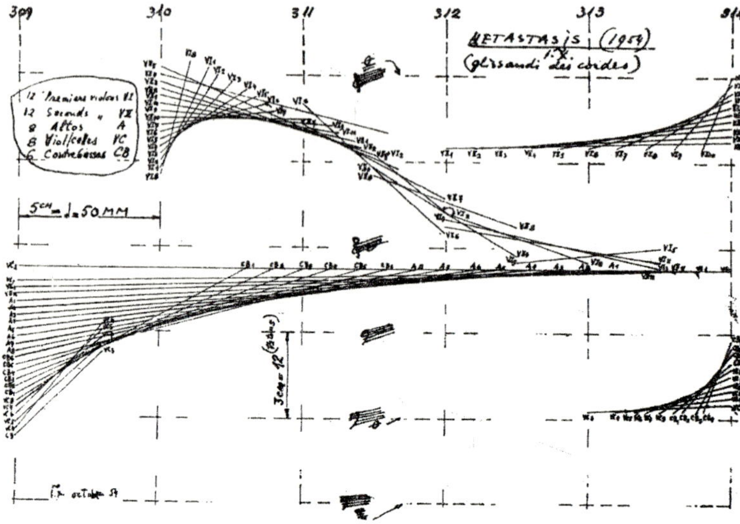

메타스타시스의 글리산도 구상도

다는 직선이나 곡선형태의 연속적인 소리에 익숙하다. 때문에 무수한 소리의 입자들이 꼬리를 물고 다니며, 속도에 따라 직선으로, 혹은 곡선으로 이어지는 글리산도는 친숙하고 이해하기가 쉽다. 필립스관은 글리산도의 특성인 연속성과 속도감을 시각적으로 잘 전달해주고 있는데, 마치 포물선의 궤도를 따라 빠른 속도로 미끄러져 다니는 글리산도의 소리가 그대로 응고된 듯하다.

___빛, 색채, 음악으로 채워진 공간

르 꼬르뷔지에는 예술의 통합이라는 자신의 커다란 신조를 건축에서 실현시키고자 했던 종합예술가다. 이러한 신조 아래, 추상적인 음악현상을 건축으로 시각화하고자 끊임없이 노력했던 건축가이기도 하다. 건축과 음악을 결합하려는 르 꼬르뷔지에의 시도는 어린 시절로 거슬러 올라간다. 그는 작곡가인 그의 형 알베르의 행위음악 작품 〈리듬La Rythmique, 1905〉에서 최초의 음악적인 영감을 얻었다고 밝히고 있다. 그는 음악에서 받은 이러한 느낌들을 시각적 음향, 리듬, 건축적 산책, 자유곡선 등의 언어로 치환시켜 건축공간에 채워 넣고 있다. 스스로 말로 다 형용할 수 없다고 표현하고 있는 이 공간들은 롱샹에서, 라 뚜렛에서 표현되었으며, 필립스관에서는 더욱 직접적인 방법으로 묘사되고 있다. 롱샹과 라 뚜렛이 개별적인 요소들이 조화를 이루는 교향악적인 통합이라면, 필립스관은 또 다른 의미에서의 통합, 즉 빛, 색채, 영상, 그리고 건축과 음악이 어우러진 모든 예술의 통합인 것이다.

한때 20세기 최대의 뮤직 박스Music Box로 일컬어졌던 필립스관은 극단적인 의미의 두 개의 다른 공간을 품고 있다. 하나는 빛과 색채와 소리가 혼합된 채워진 공간이고, 다른 하나는 박람회가 끝나는 동시에 곧 소멸되어질 공허한 공간이다. 흥미롭게도 이 건축물은 크세나키스가 르 꼬르뷔지에와 함께 작업한 마지막 작품이 되어버렸다. 그는 박람회가 끝나자마자 음악에 몰입하기 위해 건축과 완전히 결별한다.

필립스관은 건축과 음악을 접목시키려는 르 꼬르뷔지에의 의도가 훌륭하게 반영된 작품이다. 르 꼬르뷔지에와 크세나키스라는 두 예술가에 의해 하나의 음악이 하나의 건축물로 승화된 이 작품은 예술의 통합이 주목받고 있는 이 시대에 의미를 시사하는 바가 크다.

"건축은 시대정신의 산물이며, 중요한 여러 예술의 종합입니다. 건축은 형태이며, 색깔이며, 소리이며, 음악입니다. 또한 건축은 공간이며, 폭이며, 깊이이며, 높이이며, 부피이며, 동선입니다. 많은 상상력과 아이디어가 수반되어야 하는 건축은 우선 머릿속에서부터 생각되어져야 합니다. 그래야만 마음으로 생생하게 그 디자인을 그려볼 수 있습니다. 도면이란 단지 여러분의 생각을 건축주나 시공자에게 전달하기 위한 수단일 뿐입니다."

르 꼬르뷔지에의 작품목록

1905	팔레Fallet 주택, 라 쇼드퐁
1908	스토처Stotzer 주택, 리 쇼드퐁
	쟈끄메Jaquemet 주택, 라 쇼드퐁
1912	파브르Favre 주택, 라 로클
	쟌느레Jeanneret 주택, 라 쇼드퐁
1914	도미노Domino 시스템의 주택 계획
1916	스칼라 극장, 라 쇼드퐁
	슈와브Schwob 주택, 라 쇼드퐁
1919	모놀Monol 주택 계획
1920	시트로앙Citrohan 주택 계획
1922	300만인의 현대도시계획.
	보크레송Vaucresson 주택
	오장팡주택Atelier d Ozenfent, 파리
1923	라 로쉬-쟌느레 주택Villa La Roche-Jeanneret, 파리
	레만 호수의 소주택, 꼬르소 브베이
1924	립치츠, 미스차니노프Lipshitz-Miestschaninoff 주택, 블로뉴
	레즈Lege 단지의 10채의 노동자 주택
1925	뻬삭Pessac 전원주택 단지
	신정신L Esprit Nouveau 관(館), 파리
1926	화가들을 위한 주택, 블로뉴-파리
	쿡Cook 주택, 블로뉴
	화가 앙뜨와프의 아뜰리에Atelier Guiette, 앙베르
	구세군회관Palais du Peuple, 파리
1927	스타인stein 주택, 가르슈
	바이센호프의 두 채의 주택Weissenhofsiedlung, 슈투트가르트
	플라넥스Planex 주택, 파리

1928	처치Church 주택, 빌 아브라이
	네슬레사(社)의 조립식 전시관, 파리 견본 전람회
1929	센트로소유즈Centroxoyuz 빌딩, 모스크바
	사부아Savoye 주택, 뿌아시
	파리의 난민촌
	까르따쥬Carthage 주택, 튀니지
1930	파리 대학생촌의 스위스관(館)
	끌라르떼 공동주택Immeuble Clarte, 제네바
	베스떼귀 아파트Appartement Beistegui, 파리 샹젤리제
	만드로Mandrot 주택, 뚤롱 근교
1931	알제시의 오뷰 도시계획안Plane Obus
1933	르 꼬르뷔지에의 임대아파트, 파리
1935	휴가별장, 마테스
	주말주택, 파리 근교의 라 셀 생 끌루
1936	국립교육 공중보건성 청사, 리오 데 자네이로
1937	파리 국제 박람회를 위한 새로운 시대 전시관 D계획안
1946	유니떼 다비따시옹Unite d habitation, 마르세이유
	뒤발Duval 작업장, 생 디에
1949	크루체트Currutchet 박사 주택, 라 쁠라따
1950	깝 마르땡Cap Martin의 르 꼬르뷔지에의 휴가별장
	노트르담 듀오Notre Dam du Haut 성당, 롱샹
1951	인도 찬디가르Chandigarh 도시계획
1952	유니떼 다비따시옹, 낭뜨 르제
	자울Jaoul 주택, 뉠리 쉬르 센느
1954	섬유산업클럽, 아메다바드
1955	바크라 댐Bhakra dam, 인도
	마노라마부인Mrs Manorama Sarabhai 주택, 아메다바드
1956	쇼당Shodhan 주택, 아메다바드
	고등법원청사, 찬디가르
	아메다바드 박물관

1957	유니떼 다비따시옹, 베를린
	유니떼 다비따시옹, 모
	유니떼 다비따시옹, 브리 앙 포레
	라뚜렛Sainte Marie de la Tourette 수도원, 에브 쉬르 아브레슬
	파리 대학생촌의 브라질 학생관(館)
	국립 서양미술관, 일본 도쿄
1958	필립스관(館), 브뤼셀 만국박람회 출품작
	찬디가르 주정부 청사
1961	카펜터 재단의 시각디자인센터, 케임브리지 메사추세츠
1962	찬디가르 주의회 의사당 완공
1963	도심 17영역 계획, 찬디가르
	르 꼬르뷔지에 센터Center Le Corbusier, 취리히
1964	클럽하우스, 찬디가르
	박물관과 예술센터, 찬디가르
	미술과 건축을 위한 학교, 찬디가르
1965	유니떼 다비따시옹, 피르미니
	경기장, 피르미니
	청소년 문화센터, 피르미니
	생 피에르Saint Pierre성당, 피르미니, 2006년 완공

건축의 노래

2010년 10월 1일 1판 1쇄 인쇄
2010년 10월 5일 1판 1쇄 발행

저 자 허여지
발 행 인 강해작
발 행 처 기문당
주 소 서울시 성동구 공명길 39(왕십리동 966-22)
전 화 02) 2295-6171(代)~5
팩 스 02) 2296-8188
출판등록 1976. 10. 7(1-44)
홈페이지 http://기문당
http://www.kimoondang.com
I S B N 978-89-6225-285-9 93540

인하 후 정가 5,000원